计算机科学与技术专业核心教材体系建设——建议使用时间

课程系列：基础系列　电类系列　程序系列　系统系列　应用系列　选修系列

一年级上
- 大学计算机基础
- 计算机程序设计
- 计算机原理

一年级下
- 离散数学（上）
- 信息安全导论
- 电子技术基础
- 面向对象程序设计 / 程序设计实践
- 操作系统

二年级上
- 离散数学（下）
- 数字逻辑设计 / 数字逻辑设计实验
- 数据结构
- 计算机系统综合实践

二年级下
- 算法设计与分析
- 计算机网络

三年级上
- 软件工程 / 编译原理

三年级下
- 软件工程综合实践
- 计算机体系结构
- 人工智能原理与技术
- 数据库原理
- 嵌入式系统

四年级上
- 计算机图形学

四年级下
- 机器学习
- 物联网导论
- 大数据分析技术
- 数字图像技术
- 量子程序设计

河南省"十四五"普通高等教育规划教材
面向新工科专业建设计算机系列教材

量子程序设计基础

王震宇 ◎ 编著

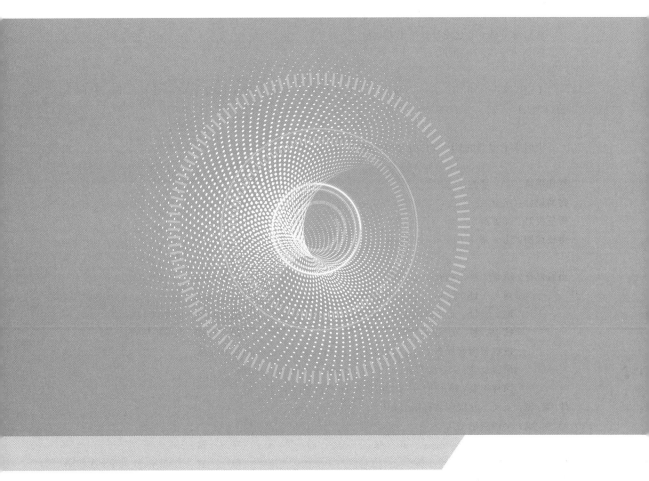

清华大学出版社
北京

<h1 style="text-align:center">内 容 简 介</h1>

本书系统介绍量子线路和量子程序设计的基础知识及原理方法,精选的内容与编程实例旨在帮助学生培养量子程序设计、调试和分析等方面的基本能力,从而为将来的学习、研究和应用奠定基础。

全书既注重原理,又注重实践,学生通过编程训练和实践能更准确地理解量子计算的基本概念和基础理论。本书概念讲解清楚,逻辑性强,通俗易懂,并配有大量图表、例题和习题,是初学量子计算和量子程序设计的理想教材,可作为高等学校相关专业本科生和研究生的教材,也可供广大从事量子信息科学研究的科技人员和学习量子程序设计的自学者参考。

图书在版编目(CIP)数据

量子程序设计基础/王震宇编著. —北京:清华大学出版社,2022.10
面向新工科专业建设计算机系列教材
ISBN 978-7-302-60485-3

Ⅰ.①量… Ⅱ.①王… Ⅲ.①量子计算机-程序设计-高等学校-教材 Ⅳ.①TP385
②TP311.1

中国版本图书馆 CIP 数据核字(2022)第 054090 号

责任编辑:郭 赛
封面设计:杨玉兰
责任校对:郝美丽
责任印制:沈 露

出版发行:清华大学出版社
  网 址:http://www.tup.com.cn,http://www.wqbook.com
  地 址:北京清华大学学研大厦 A 座 邮 编:100084
  社 总 机:010-83470000 邮 购:010-62786544
  投稿与读者服务:010-62776969,c-service@tup.tsinghua.edu.cn
  质量反馈:010-62772015,zhiliang@tup.tsinghua.edu.cn
  课件下载:http://www.tup.com.cn,010-83470236
印 装 者:三河市龙大印装有限公司
经 销:全国新华书店
开 本:185mm×260mm 印 张:13.5 插 页:1 字 数:239 千字
版 次:2022 年 10 月第 1 版 印 次:2022 年 10 月第 1 次印刷
定 价:54.50 元

产品编号:090613-01

出版说明

一、系列教材背景

　　人类已经进入智能时代,云计算、大数据、物联网、人工智能、机器人、量子计算等是这个时代最重要的技术热点。为了适应和满足时代发展对人才培养的需要,2017年2月以来,教育部积极推进新工科建设,先后形成了"复旦共识""天大行动"和"北京指南",并发布了《教育部高等教育司关于开展新工科研究与实践的通知》《教育部办公厅关于推荐新工科研究与实践项目的通知》,全力探索形成领跑全球工程教育的中国模式、中国经验,助力高等教育强国建设。新工科有两个内涵:一是新的工科专业;二是传统工科专业的新需求。新工科建设将促进一批新专业的发展,这批新专业有的是依托于现有计算机类专业派生、扩展而成的,有的是多个专业有机整合而成的。由计算机类专业派生、扩展形成的新工科专业有计算机科学与技术、软件工程、网络工程、物联网工程、信息管理与信息系统、数据科学与大数据技术等。由计算机类学科交叉融合形成的新工科专业有网络空间安全、人工智能、机器人工程、数字媒体技术、智能科学与技术等。

　　在新工科建设的"九个一批"中,明确提出"建设一批体现产业和技术最新发展的新课程""建设一批产业急需的新兴工科专业"。新课程和新专业的持续建设,都需要以适应新工科教育的教材作为支撑。由于各个专业之间的课程相互交叉,但是又不能相互包含,所以在选题方向上,既考虑由计算机类专业派生、扩展形成的新工科专业的选题,又考虑由计算机类专业交叉融合形成的新工科专业的选题,特别是网络空间安全专业、智能科学与技术专业的选题。基于此,清华大学出版社计划出版"面向新工科专业建设计算机系列教材"。

二、教材定位

教材使用对象为"211工程"高校或同等水平及以上高校计算机类专业及相关专业学生。

三、教材编写原则

(1)借鉴 *Computer Science Curricula* 2013(以下简称CS2013)。CS2013的核心知识领域包括算法与复杂度、体系结构与组织、计算科学、离散结构、图形学与可视化、人机交互、信息保障与安全、信息管理、智能系统、网络与通信、操作系统、基于平台的开发、并行与分布式计算、程序设计语言、软件开发基础、软件工程、系统基础、社会问题与专业实践等内容。

(2)处理好理论与技能培养的关系,注重理论与实践相结合,加强对学生思维方式的训练和计算思维的培养。计算机专业学生能力的培养特别强调理论学习、计算思维培养和实践训练。本系列教材以"重视理论,加强计算思维培养,突出案例和实践应用"为主要目标。

(3)为便于教学,在纸质教材的基础上,融合多种形式的教学辅助材料。每本教材可以有主教材、教师用书、习题解答、实验指导等。特别是在数字资源建设方面,可以结合当前出版融合的趋势,做好立体化教材建设,可考虑加上微课、微视频、二维码、MOOC等扩展资源。

四、教材特点

1. 满足新工科专业建设的需要

系列教材涵盖计算机科学与技术、软件工程、物联网工程、数据科学与大数据技术、网络空间安全、人工智能等专业的课程。

2. 案例体现传统工科专业的新需求

编写时,以案例驱动,任务引导,特别是有一些新应用场景的案例。

3. 循序渐进,内容全面

讲解基础知识和实用案例时,由简单到复杂,循序渐进,系统讲解。

4. 资源丰富,立体化建设

除了教学课件外,还可以提供教学大纲、教学计划、微视频等扩展资源,以方便教学。

五、优先出版

1. 精品课程配套教材

主要包括国家级或省级的精品课程和精品资源共享课的配套教材。

2. 传统优秀改版教材

对于已经出版、得到市场认可的优秀教材,由于新技术的发展,计划给图书配上新的教学形式、教学资源的改版教材。

3. 前沿技术与热点教材

反映计算机前沿和当前热点的相关教材,例如云计算、大数据、人工智能、物联网、网络空间安全等方面的教材。

六、联系方式

联系人：白立军
联系电话：010-83470179
联系和投稿邮箱：bailj@tup.tsinghua.edu.cn

面向新工科专业建设计算机系列教材编委会
2019 年 6 月

面向新工科专业建设计算机系列教材编委会

马志新	兰州大学信息科学与工程学院	副院长/教授
毛晓光	国防科技大学计算机学院	副院长/教授
明 仲	深圳大学计算机与软件学院	院长/教授
彭进业	西北大学信息科学与技术学院	院长/教授
钱德沛	北京航空航天大学计算机学院	教授
申恒涛	电子科技大学计算机科学与工程学院	院长/教授
苏 森	北京邮电大学计算机学院	执行院长/教授
汪 萌	合肥工业大学计算机与信息学院	院长/教授
王长波	华东师范大学计算机科学与软件工程学院	常务副院长/教授
王劲松	天津理工大学计算机科学与工程学院	院长/教授
王良民	江苏大学计算机科学与通信工程学院	院长/教授
王 泉	西安电子科技大学	副校长/教授
王晓阳	复旦大学计算机科学技术学院	院长/教授
王 义	东北大学计算机科学与工程学院	院长/教授
魏晓辉	吉林大学计算机科学与技术学院	院长/教授
文继荣	中国人民大学信息学院	院长/教授
翁 健	暨南大学	副校长/教授
吴 迪	中山大学计算机学院	副院长/教授
吴 卿	杭州电子科技大学	教授
武永卫	清华大学计算机科学与技术系	副主任/教授
肖国强	西南大学计算机与信息科学学院	院长/教授
熊盛武	武汉理工大学计算机科学与技术学院	院长/教授
徐 伟	陆军工程大学指挥控制工程学院	院长/副教授
杨 鉴	云南大学信息学院	教授
杨 燕	西南交通大学信息科学与技术学院	副院长/教授
杨 震	北京工业大学信息学部	副主任/教授
姚 力	北京师范大学人工智能学院	执行院长/教授
叶保留	河海大学计算机与信息学院	院长/教授
印桂生	哈尔滨工程大学计算机科学与技术学院	院长/教授
袁晓洁	南开大学计算机学院	院长/教授
张春元	国防科技大学计算机学院	教授
张 强	大连理工大学计算机科学与技术学院	院长/教授
张清华	重庆邮电大学计算机科学与技术学院	执行院长/教授
张艳宁	西北工业大学	校长助理/教授
赵建平	长春理工大学计算机科学技术学院	院长/教授
郑新奇	中国地质大学(北京)信息工程学院	院长/教授
仲 红	安徽大学计算机科学与技术学院	院长/教授
周 勇	中国矿业大学计算机科学与技术学院	院长/教授
周志华	南京大学计算机科学与技术系	系主任/教授
邹北骥	中南大学计算机学院	教授

秘书长:

| 白立军 | 清华大学出版社 | 副编审 |

序

　　当前,新一轮科技革命和产业变革发展迅猛,全国各高校正在加速实施"新工科"建设。"新工科"着眼于面向未来新兴产业和新经济的需要,以培养实践能力强、创新能力强、具备国际竞争力的高素质复合型新工科人才为目标。《教育部高等教育司关于开展新工科研究与实践的通知》将"新工科"的主要研究内容归纳为"五个新":工程教育的新理念、学科专业的新结构、人才培养的新模式、教育教学的新质量、分类发展的新体系。不单是新兴交叉专业,各传统工科专业如何依据"五个新"的指导思想建设新的课程体系和教材体系也是当下的紧迫要务。

　　量子计算作为一种基于量子力学基本原理的新型计算模型,通过大规模量子并行加速,有望实现比当今经典计算更强大的计算能力,其潜在优势已在量子模拟、人工智能、大数据分析和网络安全等领域逐步得到验证与应用。当前,以量子计算为主要内容的量子信息处理技术已成为未来科技的重要发展方向。和经典计算中的程序设计一样,量子程序设计是用量子计算技术解决各领域前沿科学问题的必要手段。只有懂得量子程序设计,才能进一步懂得量子计算的工作原理,从而更好地设计和实现基于量子力学基本原理解决具体问题的量子算法,并掌握利用量子计算机解决问题的方法。在高校中开设"量子程序设计"相关课程可以让学生领会量子计算机和量子算法的魅力和发展前景,了解量子计算这一前沿技术,为解决学科中的现有问题提供新思维,并为解决未来科技发展中出现的新问题提供新知识和新技术。

　　量子计算是计算机、量子物理、量子信息相结合的新兴交叉学科。目前，各高校正在加大量子计算领域人才培养的力度，但相关课程和教材尚不完善，本土化教材更是匮乏。作者所在团队长期从事高性能计算、量子计算和网络空间安全等方向的科学研究，该团队紧跟科技前沿，顺应"新工科"人才培养的新需求，在全国范围内率先在计算机科学与技术、网络空间安全和密码工程等专业的本科生及研究生教学中开展有关"量子程序设计"的教学探索和实践，并在教学和科研的探索与实践的基础上，编写了这本以量子程序设计基础知识、原理和方法为主题的专门教材。

　　本书具有理念新、选题新、实验手段新以及适用面宽的特点，系统讲解了量子力学的起源与基本原理、量子比特与量子门的工作原理、量子线路的设计、量子算法的实现与应用等知识，由浅入深，符合学生的认知规律。知识体系设计从理论基础落地到实践编程，体现了多学科融合的新理念。各知识点均以数学原理的讲解为基础，并配套实例分析和编程案例，与纯理论的教学模式相比，更有助于激发学生的兴趣，可以更好地促成"新工科"倡导的"以创新实践能力培养为导向"的教学目标。

　　本书不仅是一本可供学生学习量子计算和量子程序设计的入门教材，也是一本实用的工具书。在此祝贺本书的出版，希望能有更多的学生通过阅读本书加入量子信息的研究队伍，也希望该团队能够推出更多量子计算领域的教材，并通过教学和科研实践对教材进行迭代更新，为量子计算人才培养做出更大的贡献。

中国科学院院士

2022 年 6 月 20 日

前言

量子计算作为一门新兴的计算科学,将会成为影响人类社会的一场重要的技术革命。量子物理、量子计算引领的量子科学与技术正在和计算机科学、网络安全、数学、通信、电子、化学、测量、传感和医学等学科交叉。目前,教育部已设立"量子科学与技术"一级学科和"量子信息科学"本科专业,各高校正在加大量子技术"新工科"相关人才的培养力度。"量子程序设计"将成为这些学科的重要课程。本书针对初学者的特点和认知规律精选内容和编程实例,力求以简明易懂的文字和线性代数阐述各知识点,通过量子程序的编程训练与动手实践帮助学生更准确地理解量子计算的基本概念和基础理论,掌握量子程序的工作原理、编程原理和基本流程,建立量子技术新思维,从而降低学习量子计算和量子程序设计的门槛。

目前,越来越多的量子云平台开始允许公众使用各类量子计算设备,并为量子程序编程提供了实验条件。本书以 IBM 量子云平台中的 Quantum Composer 和 Quantum Lab 作为实验平台,所有样例代码均在该平台上通过调试且正确运行。读者也可在本地建立开发环境,进行开发学习。本书对于其他平台的学习者也有一定的参考价值。

本书共 7 章。

第 1 章 概论。概述量子的概念,量子力学的发展历程,量子比特及其叠加、纠缠、相干和测量等基本性质,经典计算与量子计算的区别,量子程序的开发和执行过程等。

第 2 章 量子比特与布洛赫球表示。深入介绍量子比特的数学描述、几何图像与半角处理、全局相位、相对相位、量子态测量、基向量及基变换、纯态、混态、最大混态、密度矩阵、酉变换等概念。

第3章 单量子比特门。系统介绍常用的单量子比特门的功能、矩阵表示、线路符号和 OpenQASM 语句等，以及绕任意轴旋转门 $R_{\hat{n}}(\theta)$。

第4章 多量子比特门。系统介绍常用的多量子比特门的功能、矩阵表示、线路符号和 OpenQASM 语句等，以及多量子比特的状态空间表示和量子线路状态演化的推演方法。

第5章 基于量子汇编指令的量子线路设计。通过实例进行量子线路设计、调试和分析等方面的编程能力训练，配套实例包括 OpenQASM 量子线路代码基本结构、自定义门、单步调试、模拟器运行、远程实体机运行与结果可视化分析、量子逻辑门、量子加法器和量子相位反冲等。

第6章 基于 Python 的量子程序设计。通过实例进行量子程序设计、调试和分析等方面的编程能力训练，配套实例包括 Qiskit 量子程序的基本框架、模拟器运行、实体机运行、量子态可视化、状态向量提取、酉矩阵提取、量子比特布洛赫球表示的绘制、量子比特初态制备、量子比特态测量等。

第7章 量子算法原理与实现。阐述六大典型量子算法的原理和编程实现：Deutsch-Jozsa 算法、Grover 算法、量子傅里叶变换、量子相位估计、Shor 算法与 HHL 算法。

本书在编写过程中得到了清华大学出版社的大力支持，获评河南省"十四五"普通高等教育规划教材重点项目，同时得到了中国人民解放军战略支援部队信息工程大学网络空间安全学院的有力支持，在此对以上单位一并表示感谢。同时，特别感谢庞建民教授、单征教授、赵博教员、侯一凡教员、许瑾晨教员、穆清教员和孙回回教员等参与了教材立项和内容规划等工作；感谢舒国强同学、邸诗秦同学、封聪聪同学、于小涵同学和郭佳郁同学等的积极参与，他们为本书的出版付出了巨大的努力；感谢侯一凡教员为本书制作了部分配图。

由于编者知识水平有限，书中的缺点与错误在所难免，望读者不吝批评、指正。

王震宇

2022 年 8 月

CONTENTS

目录

第1章 概论 ………………………………………………… 1

1.1 量子和量子力学 ………………………………… 1

1.1.1 量子的概念 …………………………… 1

1.1.2 量子力学的产生 …………………… 3

1.2 量子比特 ……………………………………… 4

1.2.1 经典比特到量子比特 ……………… 4

1.2.2 量子比特的重要概念 ……………… 7

1.2.3 量子比特物理实现方式 ………… 11

1.2.4 经典比特与量子比特的区别 …… 14

1.3 量子计算 ……………………………………… 14

1.3.1 经典计算到量子计算 …………… 14

1.3.2 经典计算和量子计算的区别 …… 15

1.3.3 量子计算简史 …………………… 17

1.4 量子程序与量子编程 ……………………… 19

1.5 典型量子程序开发平台 …………………… 20

小结 ………………………………………………… 21

习题 ………………………………………………… 21

第2章 量子比特与布洛赫球表示 …………… 23

2.1 量子比特的数学描述 ……………………… 23

2.2 量子比特几何图像 ………………………… 24

2.3 量子比特的布洛赫球表示 ………………… 26

2.3.1 复平面单位圆 …………………… 26

2.3.2 量子态的原始极坐标表示 ……………………………… 26

2.3.3 全局相位不变性 ………………………………………… 27

2.3.4 归一化约束 ……………………………………………… 27

2.3.5 半角处理 ………………………………………………… 28

2.4 布洛赫球的性质 ………………………………………………… 28

2.5 量子测量 ………………………………………………………… 31

2.5.1 投影测量 ………………………………………………… 31

2.5.2 正交基与量子态测量 …………………………………… 32

2.5.3 计算基下测量的完备性 ………………………………… 34

2.6 纯态、混态及其密度矩阵 ……………………………………… 37

2.7 量子门与量子态变迁 …………………………………………… 39

2.7.1 酉变换与酉算符 ………………………………………… 39

2.7.2 单量子比特的状态演化可视化 ………………………… 40

小结 …………………………………………………………………… 42

习题 …………………………………………………………………… 43

第3章 单量子比特门 ………………………………………………… 44

3.1 单量子比特门 OpenQASM 语句 ……………………………… 44

3.2 Pauli 门 ………………………………………………………… 45

3.2.1 Pauli-X 门 ……………………………………………… 45

3.2.2 Pauli-Y 门 ……………………………………………… 46

3.2.3 Pauli-Z 门 ……………………………………………… 47

3.3 Hadamard 门 …………………………………………………… 47

3.4 相位门 …………………………………………………………… 49

3.4.1 S 门 ……………………………………………………… 49

3.4.2 T 门 ……………………………………………………… 50

3.4.3 $S^{\dagger}$ 门 ……………………………………………………… 51

3.4.4 $T^{\dagger}$ 门 ……………………………………………………… 51

3.4.5 P 门 ……………………………………………………… 52

3.5 旋转门 …………………………………………………………… 52

3.5.1 RX 门 …………………………………………………… 53

3.5.2 RY 门 …………………………………………………… 54

3.5.3 RZ 门 …………………………………………………… 55

3.6　任意轴旋转门$R_{\hat{n}}(\theta)$ ·· 57

小结 ·· 57

习题 ·· 58

第4章　多量子比特门 ·· 59

4.1　多量子比特门 OpenQASM 语句 ··· 59

4.2　张量积 ·· 60

4.2.1　张量积的定义和性质 ··· 60

4.2.2　线性算子的张量积 ·· 61

4.3　多量子比特状态空间表示 ·· 63

4.4　受控非门 ··· 64

4.5　互换门 ·· 68

4.6　Toffoli 门 ··· 69

4.7　Fredkin 门 ·· 70

4.8　量子态演化 ··· 71

小结 ·· 76

习题 ·· 76

第5章　基于量子汇编指令的量子线路设计 ································· 78

5.1　量子汇编指令语言 OpenQASM ··· 78

5.1.1　OpenQASM 语言基本语句 ·· 78

5.1.2　OpenQASM 量子线路编程实例 ···································· 80

5.1.3　图形化量子线路开发工具 Quantum Composer ········· 81

5.2　OpenQASM 量子线路设计与调试 ·· 82

5.2.1　Bell 态观测实验 ··· 82

5.2.2　OpenQASM 自定义门的构建 ······································· 83

5.2.3　量子线路图的输入与编辑 ·· 84

5.2.4　量子线路的单步调试 ·· 85

5.2.5　结果实时可视化与分析 ··· 86

5.2.6　模拟器运行 ··· 89

5.2.7　远程实体机运行 ··· 90

5.3　量子逻辑门 ··· 92

5.3.1　经典可逆 AND 门和量子 AND 门 ·································· 92

5.3.2 经典可逆 OR 门和量子 OR 门 ·············· 94

5.3.3 量子 AND 和量子 OR 的位扩展 ·············· 96

5.4 量子加法器 ·············· 99

5.4.1 经典单比特加法器 ·············· 99

5.4.2 量子全加器模型 ·············· 100

5.4.3 4 位量子全加器的实现 ·············· 102

5.5 量子相位反冲 ·············· 108

小结 ·············· 111

习题 ·············· 111

第 6 章 基于 Python 的量子程序设计 ·············· 113

6.1 IBM 量子程序开发套件 ·············· 113

6.1.1 Qiskit 总体架构 ·············· 113

6.1.2 Qiskit 的安装 ·············· 114

6.2 Qiskit 量子程序代码框架 ·············· 115

6.2.1 量子线路的创建与绘制 ·············· 118

6.2.2 编译量子线路 ·············· 119

6.2.3 量子线路在后端运行 ·············· 119

6.2.4 结果可视化与分析 ·············· 119

6.3 模拟器运行 ·············· 120

6.3.1 Qasm Simulator ·············· 120

6.3.2 Statevector Simulator ·············· 121

6.3.3 Unitary Simulator ·············· 123

6.4 实体机运行 ·············· 125

6.5 量子态可视化 ·············· 127

6.5.1 单量子比特布洛赫球表示可视化 ·············· 127

6.5.2 多量子比特布洛赫球表示可视化 ·············· 128

6.6 量子比特初态制备 ·············· 130

6.6.1 单量子比特初态制备 ·············· 130

6.6.2 多量子比特初态制备 ·············· 131

6.7 量子比特态测量实验 ·············· 133

6.7.1 量子比特态测量原理 ·············· 133

6.7.2 量子比特态测量实验与实现 ·············· 136

小结 ··· 139

习题 ··· 139

第7章　量子算法原理与实现 ··· 141

7.1　Deutsch-Jozsa 算法 ··· 141

7.1.1　算法描述 ·· 141

7.1.2　量子线路 ·· 142

7.1.3　编程实现 ·· 145

7.1.4　结果分析 ·· 149

7.2　Grover 算法 ·· 150

7.2.1　算法描述 ·· 150

7.2.2　量子线路 ·· 152

7.2.3　编程实现 ·· 155

7.2.4　结果分析 ·· 158

7.3　量子傅里叶变换 ·· 159

7.3.1　原理描述 ·· 159

7.3.2　量子线路 ·· 162

7.3.3　编程实现 ·· 166

7.3.4　结果分析 ·· 170

7.4　量子相位估计 ··· 171

7.4.1　原理描述 ·· 171

7.4.2　量子线路 ·· 172

7.4.3　编程实现 ·· 175

7.4.4　结果分析 ·· 178

7.5　Shor 算法 ··· 179

7.5.1　算法描述 ·· 179

7.5.2　量子线路 ·· 182

7.5.3　编程实现 ·· 184

7.5.4　结果分析 ·· 189

7.6　HHL 算法 ··· 190

7.6.1　算法描述 ·· 190

7.6.2　量子线路 ·· 191

　　　7.6.3　编程实现 ……………………………………………… 194

　　　7.6.4　结果分析 ……………………………………………… 195

　小结　………………………………………………………………… 196

　习题　………………………………………………………………… 196

参考文献 ………………………………………………………………… 198

第1章

概　　论

本章核心知识点：
- □ 量子的基本概念
- □ 量子力学的起源
- □ 量子比特的基本概念
- □ 叠加、测量、纠缠和干涉
- □ 经典计算与量子计算的区别
- □ 典型的量子程序开发平台

1.1　量子和量子力学

1.1.1　量子的概念

量子的英文 quantum 源自拉丁文 quantus，原意为"多少"，代表"一定数量的某种物质"。量子力学认为，一个物理量如果存在最小不可分割的基本单位，则这个物理量就是量子化的，并把最小单位称为量子。量子不是粒子，量子是计量物理量的最小单位。

量子力学中的"量子"概念是由马克斯·普朗克在 1900 年最早提出的，他假设黑体辐射中辐射的能量是不连续的，只能取能量基本单位的整数倍，从而很好地解释了黑体辐射的实验现象。量子化（quantization）指某一物理量不能连续取值，只能在一组特定的值中选择。量子化现象主要表现在微观物理世界。

量子力学探讨的是微观世界的运动规律，它同以牛顿力学为代表的经典物理有根本区别。在经典力学中，物理量通常是连续的，例如能量可以取任意值。然而在量子力学中，物理量通常是不连续的：除了能量表现出这种不连续的分离化性质以外，其他物理量，诸如自旋、角动量、电荷等也都表现出这种不连续的量子化现象。

马克斯·普朗克的能量子假说认为，粒子只能按能量等于 $h\nu$ 的整数倍一份份地吸收或发射频率为 ν 的电磁波。能量的基本单位 ε 称为能量子，每份能量子均等于 $h\nu$。其中，ν 为辐射电磁波的频率；$h=6.62607015\times10^{-34}\mathrm{J\cdot s}$，称为普朗克常数。普朗克常数的物理单位为能量乘以时间，其中，能量单位为 J(焦)，时间单位为 s(秒)。普朗克常数在量子力学中扮演着重要的角色。例如，不确定性原理表明，粒子的位置与动量不能同时被确定，位置的不确定性 Δx 与动量的不确定性 Δp 呈反比，即

$$\Delta x \Delta p \geqslant h/4\pi \tag{1.1}$$

其中，Δx 是位置标准差，Δp 是动量标准差，h 为普朗克常数。

每个粒子都具有特有的自旋。自旋是微观粒子的内禀特征。当一个质点围绕一个中心轴旋转时，它会在转轴方向上形成角动量。角动量是一个矢量，方向可由右手螺旋法则确定。假设旋转轨道是圆形的，角动量的大小就等于轨道半径乘以动量。由于物体的空间旋转而形成的角动量称为轨道角动量。自旋形成的角动量称为内禀角动量。在量子力学中，轨道角动量和内禀角动量都是量子化的，即它们的取值都是离散的，其取值只能为

$$S = \hbar\sqrt{s(s+1)} \tag{1.2}$$

其中，$\hbar=h/2\pi$，称为约化普朗克常数(reduced Planck constant)，也称狄拉克常数(Dirac constant)；$\hbar$ 为角动量的最小衡量单位，s 为自旋量子数，$s=0$，$1/2, 1, 3/2, \cdots$。自旋为半整数的粒子称为费米子，服从费米-狄拉克统计；自旋为 0 或整数的粒子称为玻色子，服从玻色-爱因斯坦统计。复合粒子的自旋是其内部各组成部分之间的相对轨道角动量和各组成部分的自旋的矢量和，即按量子力学中的角动量相加法则求和。在已发现的粒子中，自旋为整数的，最大自旋为 4；自旋为半奇数的，最大自旋为 3/2。所有电子都具有 $s=1/2$，自旋为 1/2 的基本粒子还包括正电子、中微子和夸克，光子是自旋为 1 的粒子。

粒子可以在实空间中运动，还可以在一种和自旋相关的抽象空间中运动。经典力学无法描述微观粒子的自旋，只有量子力学才能描述。量子力学用希尔伯特空间的一个向量描述微观粒子的运动状态(量子态)。例如，对于电子的自旋，可用二维希尔伯特空间的向量描述，即

$$|\uparrow\rangle = \begin{bmatrix} 1 \\ 0 \end{bmatrix}, |\downarrow\rangle = \begin{bmatrix} 0 \\ 1 \end{bmatrix} \tag{1.3}$$

其中，$|\uparrow\rangle$ 表示电子向上自旋；$|\downarrow\rangle$ 表示电子向下自旋。

1.1.2　量子力学的产生

20 世纪初,经典物理大厦上的"两朵乌云"直接推动了相对论和量子力学这两门新科学的兴起。相对论与量子力学被认为是现代物理学的两大基本支柱。许多物理学理论和科学,如原子物理学、固体物理学、核物理学和粒子物理学以及其他相关学科都是以量子力学为基础展开的。

自普朗克提出量子概念以来,经爱因斯坦、玻尔、德布罗意、海森堡、薛定谔、狄拉克、玻恩等人的完善,在 20 世纪的前半期,终于初步建立了完整的量子力学(Quantum Mechanics)理论。

量子力学的简要发展历程如下。

1. 旧量子理论时期(1900—1924)

量子物理学的三大基本假设是能量量子化、微观粒子的波粒二象性以及微观粒子状态变化的定态跃迁性质。普朗克、爱因斯坦、玻尔被公认为"旧量子论之父"。普朗克的能量子假说、爱因斯坦的光量子假说以及玻尔的原子结构模型都表明:物理学已经开始冲破经典理论的束缚,实现了理论上的飞跃;它们的共同特征是以不连续或量子化的概念取代了经典物理学中能量连续的观点。

1905 年,爱因斯坦在普朗克公式的基础上提出了光量子假说,进一步发展了量子概念。利用这一假说,爱因斯坦成功解释了光电效应等实验现象。量子概念首次揭示了光的量子特性(波粒二象性),即光不仅具有波动性,也具有粒子性。爱因斯坦因此获得了诺贝尔物理学奖。

随后,玻尔也借用了量子化的概念,但量子化的既不是能量,也不是光子,而是原子轨道。玻尔假设原子轨道是不连续分布的,而是分散地分布在原子核外,这一大胆的想法同样获得了巨大的成功。玻尔在 1913 年提出定态跃迁假说,建立了原子中电子运动的量子理论,成功解释了氢原子的原子光谱。1916 年,玻尔继续提出了对应原理——在大量子数极限下,量子理论的结果应趋近于经典物理学的结果,或者说量子理论和经典物理学理论有形式上的相似。

1924 年,在爱因斯坦光的量子概念的启发下,德布罗意提出了物质波假说,指出自然界中的所有物质都具有波粒二象性(即量子特性)。物质波假说的提出标志着新量子学的建立。

2. 量子力学的建立

1925—1927年,定量描述物质量子特性的最初理论——量子力学诞生了。两个等价的理论——矩阵力学与波动力学几乎同时被提出。

(1) 海森堡矩阵力学形式的量子力学

海森堡的矩阵力学继承了玻尔的定态跃迁假说和对应原理的合理成分,如原子能量量子化和定态、量子跃迁和频率条件等概念,同时摒弃了早期量子理论中一些没有实验根据的概念,如电子轨道等概念。海森堡认为任何物理理论只应涉及可以观测的物理量,尤其对于建立微观现象的正确理论。为进一步理解海森堡思想揭示的数学问题,玻恩与约尔丹合作,用数学的矩阵方法把海森堡的思想发展成为量子力学的系统理论。

(2) 薛定谔波动力学形式的量子力学

波动力学来源于德布罗意有关物质波的思想。德布罗意在研究了力学与光学的相似性之后,为找到实物粒子与辐射的统一理论,提出了波粒二象性是微观粒子的普遍性质的假设。薛定谔在物质波假设的启发下,给出了一个量子体系的波动方程——薛定谔方程,这是波动力学的核心。随后,薛定谔用他的波动方程成功解决了氢原子光谱等一系列重大问题。

薛定谔还证明了矩阵力学和波动力学是同一种力学规律的两种不同的表现形式,二者是两个等价的理论。同时期,泡利等人也独立发现了这种等价性。狄拉克发表了两篇关于表象变换理论的文章,终于将海森堡和薛定谔的理论统一在了一起。这两种理论的研究对象是相同的,得到的结果又是完全一致的,只不过着眼点和处理方法各不相同。因此,这两种理论就统称为量子力学。

1.2　量　子　比　特

1.2.1　经典比特到量子比特

1. 经典比特

比特是经典信息的最小单元。在经典计算机中,比特被定义为某种物理量的两种状态,记为0和1。早期曾用纸带的某个位置上是否有孔表示该位置对应的比特信息,无孔和有孔可以分别表示0和1。晶体管和开关的通断、电压的有无、电压的高低等都可以作为比特的 0 和 1。

在构建经典计算机的电子线路中,通常用晶体管某个输出端的电压高低表示一个经典比特。例如,使用标准供电电压 5V 的 TTL(Transistor-Transistor Logic,晶体管-晶体管逻辑电平)电平信号定义的逻辑高电平和逻辑低电平如表 1.1 所示。在某一确定时刻,某点的电平要么是"逻辑高",要么是"逻辑低",两种状态只能取其一。

表 1.1　标准 TTL 中定义的逻辑高电平和逻辑低电平

	输　　入	输　　出
逻辑高电平 (经典比特 1)	$\geqslant 2V$	$\geqslant 2.4V$ 典型值 3.4V
逻辑低电平 (经典比特 0)	$\leqslant 0.8V$	$\leqslant 0.4V$ 典型值 0.2V

2. 量子比特

量子比特的状态可用线性代数中的向量描述。在物理学中,向量称为矢量;在量子理论中,描述量子态的向量称为态矢。有些文献并不严格区分这三种称谓。态矢分为左矢和右矢,右矢表示一个 $n \times 1$ 的列矢量,左矢表示一个 $1 \times n$ 的行矢量。态矢通常用狄拉克在 1939 年提出的狄拉克符号(也称 bra-ket 符号)描述,他从"括号(bracket)"这个单词中前后各取 3 个字母,bra 代表左矢,ket 代表右矢。

右矢(ket): $|\psi\rangle = [c_1, c_2, \cdots, c_n]^T$。

左矢(bra): $\langle\psi| = [c_1^*, c_2^*, \cdots, c_n^*]$。

其中,每个分量都是复数,右上角标 T 表示转置,c_i^* 是 $c_i(i=1,2,\cdots,n)$ 的复共轭(complex conjugate)。

一个量子比特是一个最简单的量子系统。对应于经典比特 0 或 1 这两种状态,量子比特有一对正交归一的量子态:$|0\rangle$ 和 $|1\rangle$。

$$|0\rangle = \begin{bmatrix} 1 \\ 0 \end{bmatrix}, \quad |1\rangle = \begin{bmatrix} 0 \\ 1 \end{bmatrix} \tag{1.4}$$

量子比特的态矢可表示为二维希尔伯特空间中的一个单位向量。状态 $|0\rangle$ 和 $|1\rangle$ 称为计算基态(computational basis states),构成了这个向量空间的一组标准正交基(orthonormal basis)。量子比特的任意态可用 ket 符号描述,即

$$|\psi\rangle = \alpha|0\rangle + \beta|1\rangle = \begin{bmatrix} \alpha \\ \beta \end{bmatrix} \tag{1.5}$$

其中，α 和 β 是复数且满足归一化条件

$$|\alpha|^2 + |\beta|^2 = 1 \tag{1.6}$$

$\begin{bmatrix} \alpha \\ \beta \end{bmatrix}$ 为量子态向量形式。α 对应 $|0\rangle$ 的振幅（amplitude），β 对应 $|1\rangle$ 的振幅。

3. 内积、外积、模和张量积

假设有两个态矢，其分别记为

$$|\psi\rangle = [a_1, a_2, \cdots, a_n]^T$$
$$|\varphi\rangle = [b_1, b_2, \cdots, b_n]^T \tag{1.7}$$

其中，a_i 和 $b_i(i = 1, 2, \cdots, n)$ 均是复数。

（1）内积定义为

$$\langle\psi|\varphi\rangle = \sum_{i=1}^{n} a_i^* b_i \tag{1.8}$$

如果 $|\psi\rangle$ 和 $|\varphi\rangle$ 均非零且 $\langle\psi|\varphi\rangle = 0$，则称 $|\psi\rangle$ 和 $|\varphi\rangle$ 正交。

内积并不满足交换律，而是 $\langle\psi|\varphi\rangle = \langle\varphi|\psi\rangle^*$。但若 $\langle\psi|\varphi\rangle = 0$，则 $\langle\varphi|\psi\rangle = 0$。进一步说，若 $\langle\psi|\varphi\rangle = r$，$r$ 为一个实数，则有 $\langle\psi|\varphi\rangle = \langle\varphi|\psi\rangle = r$。

（2）外积为一个 $n \times n$ 矩阵，定义为

$$|\psi\rangle\langle\varphi| = [a_i b_j^*]_{n \times n} \tag{1.9}$$

（3）$|\psi\rangle$ 的模定义为

$$\||\psi\rangle\| = \sqrt{\langle\psi|\psi\rangle} = \sqrt{\sum_{i=1}^{n} |a_i|^2} \tag{1.10}$$

$|\psi\rangle$ 的模只有大小，是一个实数，$\||\psi\rangle\| \geqslant 0$。对于任何不为 0 的 $|\psi\rangle$，将其除以它的模 $\||\psi\rangle\|$ 可以使之归一化。归一化后 $|\psi\rangle/\||\psi\rangle\|$ 的模为 1。单位态矢必须满足条件 $\sum_{i=1}^{n} |a_i|^2 = 1$。

（4）张量积的定义为

$$[a_1, a_2, \cdots, a_n]^T \otimes [b_1, b_2, \cdots, b_n]^T$$
$$= [a_1 b_1, \cdots, a_1 b_n, a_2 b_1, \cdots, a_2 b_n, \cdots, a_n b_n]^T \tag{1.11}$$

在线性代数中，张量积可以将多个低维矢量空间构造成高维矢量空间。基于张量积，可以实现单个量子比特态矢向双量子比特态矢的扩展：$|\psi\varphi\rangle \equiv$

$|\psi\rangle|\varphi\rangle\equiv|\psi,\varphi\rangle\equiv|\psi\rangle\otimes|\varphi\rangle$。$|\psi\varphi\rangle$是四维希尔伯特空间中的一个单位向量。需要注意的是,虽然可以使用两个单量子比特态矢的张量积构成一个双量子比特态矢,但并非所有双量子比特的态矢都能写为两个单量子比特态矢的张量积。量子力学定义量子比特之间的乘积为线性代数中的张量乘积。关于张量积和多量子比特的状态空间表示详见 4.2 节和 4.3 节。

1.2.2　量子比特的重要概念

1. 叠加态

一个经典比特的状态取值只有一个,即 0 或 1;而一个量子比特(qubit,quantum bit 的缩写)并不能简单地理解为$|0\rangle$或$|1\rangle$。由式(1.5)可以看出,量子比特是计算基态$|0\rangle$和$|1\rangle$的线性组合,属于由连续变量α和β刻画的矢量空间。理论上,一个量子比特的信息表示能力要比经典比特强大许多。在量子力学中,称式(1.5)所示的量子比特$|\psi\rangle$处于$|0\rangle$和$|1\rangle$的叠加态(superposition)。

叠加态的概念可以推广到多量子比特的量子系统中。对于双量子比特的量子系统,$\{|00\rangle,|01\rangle,|10\rangle,|11\rangle\}$构成了四维矢量空间的一组标准正交基。任意双量子比特的态矢都可以表示为这组基的一个线性组合,即

$$|\psi_2\rangle=\alpha_0|00\rangle+\alpha_1|01\rangle+\alpha_2|10\rangle+\alpha_3|11\rangle \tag{1.12}$$

其中,各系数为复数且$|\alpha_0|^2+|\alpha_1|^2+|\alpha_2|^2+|\alpha_3|^2=1$。一个双量子比特的量子态$|\psi_2\rangle$处于四个计算基态$|00\rangle,|01\rangle,|10\rangle$和$|11\rangle$的叠加态。进一步推理:在 n 量子比特的量子系统中,$\{|0\cdots00\rangle,|0\cdots01\rangle,\cdots,|1\cdots10\rangle,|1\cdots11\rangle\}$构成 2^n 维矢量空间的一组标准正交基,也称之为该 2^n 维矢量空间的计算基。从而,n 量子比特的态矢可以表示为如下线性组合:

$$|\psi_n\rangle=\alpha_0|0\cdots00\rangle+\alpha_1|0\cdots01\rangle+\cdots+\alpha_{2^n-2}|1\cdots10\rangle+\alpha_{2^n-1}|1\cdots11\rangle \tag{1.13}$$

各计算基态的系数$\alpha_0,\alpha_1,\cdots,\alpha_{2^n-1}$为复数且符合约束条件$\sum\limits_{i=0}^{2^n-1}|a_i|^2=1$。量子态$|\psi_n\rangle$处于 2^n 个 n 位计算基态的叠加态。对量子态$|\psi_n\rangle$的一次运算可视为对这 2^n 个 n 位计算基态执行了同样的运算。这种基于量子态叠加原理进行的并行计算可以使量子计算对某些问题的处理能力大幅超越经典计算,如大数分解、复杂路径搜索等。不过,要想知道并行计算中的具体运算结果,还需要特定的测量。

2. 测量与坍缩

基于某组标准正交基观测一个量子比特可以得到一个确定的状态——所用标准正交基中两个计算基态的一个。量子比特的测量(measure)就是指此观测过程。在计算基 $\{|0\rangle, |1\rangle\}$ 上测量一个式(1.5)所示的量子比特 $|\psi\rangle$，只能得到 $|0\rangle$ 或 $|1\rangle$，其中得到 $|0\rangle$ 的概率为 $|\alpha|^2$，得到 $|1\rangle$ 的概率为 $|\beta|^2$。由于所有情况的概率和为 1，因此有 $|\alpha|^2 + |\beta|^2 = 1$。

对量子比特的直接测量可能会改变量子比特的状态，例如，从 $|0\rangle$ 和 $|1\rangle$ 的叠加态坍缩(collapsing)到测量基中的某一基态。单次测量一个未知量子比特不能确定其量子状态，即不能得到 α 和 β 的确定值。对于任意未知量子态，无法通过测量手段了解其真实状态。这与量子的不可克隆定理有关。如果量子态可以被任意地精确复制，那么就可以反复测量以最终获知量子态的信息；另一方面，如果能够测量出某量子比特所处的状态，也就可以制备出具有相同状态的多个量子比特，即实现复制。

假设有一台设备可以多次制备同样的量子态 $\dfrac{1}{\sqrt{2}}|0\rangle + \dfrac{1}{\sqrt{2}}|1\rangle$，每次制备时进行一次测量，当次数足够多时，测量结果会以近似 50% 的概率得到 $|0\rangle$，近似 50% 的概率得到 $|1\rangle$。然而，若该设备多次制备了某一相同的量子态 $|\psi\rangle$，但测量者对 $|\psi\rangle$ 是未知的，则通过多次测量也会近似以 50% 的概率得到 $|0\rangle$，近似 50% 的概率得到 $|1\rangle$。在这种情况下，测量者不能据此推断 $|\psi\rangle$ 为 $\dfrac{1}{\sqrt{2}}|0\rangle +$ $\dfrac{1}{\sqrt{2}}|1\rangle$。事实上，$|\psi\rangle$ 也有可能是 $\dfrac{1}{\sqrt{2}}|0\rangle - \dfrac{1}{\sqrt{2}}|1\rangle$、$\dfrac{1}{\sqrt{2}}|0\rangle - \dfrac{i}{\sqrt{2}}|1\rangle$ 或 $\dfrac{1}{\sqrt{2}}|0\rangle -$ $\dfrac{1}{\sqrt{2}}e^{i\frac{\pi}{4}}|1\rangle$ 等。

【例 1.1】 能否通过计算基上的测量判断量子态是 $|\psi_1\rangle$ 还是 $|\psi_2\rangle$？

$$|\psi_1\rangle = \frac{1}{\sqrt{2}}(|0\rangle + |1\rangle)$$

$$|\psi_2\rangle = \frac{1}{\sqrt{2}}(|0\rangle - |1\rangle) \tag{1.14}$$

解：

不能。在计算基上测量，$|\psi_1\rangle$ 或 $|\psi_2\rangle$ 都是 50% 的概率为 $|0\rangle$，50% 的概率为 $|1\rangle$，因此不能做出判断。

【例 1.2】 将两台能针对计算基进行测量的设备串联,让无数个相同的量子态 $|\psi_1\rangle=\dfrac{1}{\sqrt{2}}(|0\rangle+|1\rangle)$ 从第一台测量设备的输入端输入,这两台设备测得 $|0\rangle$ 和 $|1\rangle$ 的概率是否相同?

解:相同,这两台设备都分别以近似 50% 的概率测得 $|0\rangle$ 和 $|1\rangle$。

【例 1.3】 从上例中的两台设备的输入端输入的量子态是否都是 $\dfrac{1}{\sqrt{2}}(|0\rangle+|1\rangle)$?

解:第一台设备输入的量子态为 $1/\sqrt{2}(|0\rangle+|1\rangle)$。由于第一台设备的测量造成了量子态的坍缩,因此第二台设备输入的量子态实际上是第一台设备测量塌缩后的 $|0\rangle$ 和 $|1\rangle$ 的经典概率混合,它可表示为如下概率列表的形式:

$$\{|\psi_0\rangle=|0\rangle:P_0=0.5,\psi_1\rangle=|1\rangle:P_1=0.5\} \tag{1.15}$$

3. 纠缠

在量子力学中,几个粒子因彼此相互作用而被综合成一个整体,且只能描述整体系统的性质,而无法单独描述各个粒子的性质,这种现象称为量子纠缠(entanglement)。纠缠态是一种特殊的叠加态,它涉及单个以上的粒子。量子纠缠指两个或多个量子系统之间的非定域、非经典的关联。量子纠缠只发生在量子系统中;在经典力学中找不到类似现象。

当两个或多个量子比特的整体状态不能表示为各个量子比特量子态的张量积时,称其是纠缠的。例如,量子态 $|\psi\rangle=\dfrac{1}{\sqrt{2}}|00\rangle+\dfrac{1}{\sqrt{2}}|11\rangle$ 就处于纠缠状态。理论上,当在计算基上测量 $|\psi\rangle$ 时,只会出现 $|00\rangle$ 或 $|11\rangle$,概率均为 50%;出现 $|01\rangle$ 和 $|10\rangle$ 的概率为 0。对其中一个量子比特进行测量,另一个量子比特也会坍缩到同样的状态。如果测得第一个量子比特为 $|0\rangle$,即使没有测量第二个量子比特,也可以肯定其为 $|0\rangle$。量子密钥分发和量子隐形传态(teleportation)等都利用了这一性质。

【例 1.4】 证明量子态 $|\psi\rangle=\dfrac{1}{\sqrt{2}}|00\rangle+\dfrac{1}{\sqrt{2}}|11\rangle$ 处于纠缠态。

证:假设 $|\psi\rangle$ 不是纠缠态,则 $|\psi\rangle$ 可表示为两个分离量子态的张量积:

$$|\psi\rangle=(\alpha_1|0\rangle+\beta_1|1\rangle)\otimes(\alpha_2|0\rangle+\beta_2|1\rangle)$$
$$=\alpha_1\alpha_2|00\rangle+\alpha_1\beta_2|01\rangle+\beta_1\alpha_2|10\rangle+\beta_1\beta_2|11\rangle \tag{1.16}$$

其中，α_1，β_1，α_2 和 β_2 是复系数，满足归一化条件 $|\alpha_1|^2 + |\beta_1|^2 = 1$ 和 $|\alpha_2|^2 + |\beta_2|^2 = 1$。$|\psi\rangle$ 需要符合式(1.16)的形式，同时满足以下四个条件：$\alpha_1\alpha_2 = 1/\sqrt{2}$，$\beta_1\beta_2 = 1/\sqrt{2}$，$\alpha_1\beta_2 = 0$ 和 $\beta_1\alpha_2 = 0$。然而，这四个条件并不能同时成立，表明 $|\psi\rangle$ 不能表示为式(1.16)所示的张量积形式，从而证得 $|\psi\rangle$ 为纠缠态。

【例 1.5】 对于式(1.17)给出的叠加态，请判断其是否处于纠缠态。

$$|\psi\rangle = \frac{1}{\sqrt{2}}|01\rangle + \frac{1}{\sqrt{2}}|10\rangle \tag{1.17}$$

解：该态是纠缠态。

对于式(1.17)，只有 $|01\rangle$ 和 $|10\rangle$ 是可能的测量结果。这两个量子比特一定处于不同状态，其中一个量子比特为 $|0\rangle$，则另一个量子比特肯定为 $|1\rangle$，反之亦然。测量其中一个量子比特，另一量子比特会同时坍缩到与其相反的状态。

【例 1.6】 请判断 $|\psi\rangle = \frac{1}{\sqrt{2}}|00\rangle + \frac{1}{\sqrt{2}}|01\rangle$ 是否处于纠缠态。

解：该态不是纠缠态。

$$|\psi\rangle = \frac{1}{\sqrt{2}}|00\rangle + \frac{1}{\sqrt{2}}|01\rangle = |0\rangle \otimes \frac{1}{\sqrt{2}}(|0\rangle + |1\rangle) \tag{1.18}$$

式(1.18)表明，$|\psi\rangle$ 可以表示为两个分离的量子态的张量积：第一个量子比特为 $|0\rangle$，第二个量子比特为 $\frac{1}{\sqrt{2}}(|0\rangle + |1\rangle)$。

4. 干涉

图 1.1 给出了复平面中复数的极坐标表示。横坐标为复数的实部 Re，纵坐标为虚部 Im。欧拉公式 $e^{i\varphi} = \cos\varphi + i\sin\varphi$ 给出了复平面上单位圆的方程。

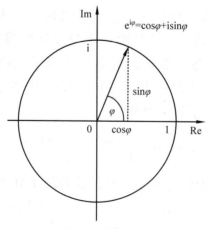

图 1.1 复数矢量

早在量子力学被发现之前,复数就被用来描述波。波之间的相对相位会引起相长干涉和相消干涉,量子态也有类似现象。

式(1.5)中的 α 对应 $|0\rangle$ 的振幅,β 对应 $|1\rangle$ 的振幅。量子比特的振幅是复数,包含与波相似的强度(magnitude)和相位(phase)信息。量子比特振幅 α 和 β 的强度分别是它们的模 $|\alpha|$ 和 $|\beta|$。关于量子比特振幅的相位等概念详见 2.3 节。

对于量子态 $|\psi_1\rangle = \frac{1}{\sqrt{2}}|0\rangle + \frac{1}{\sqrt{2}}|1\rangle$ 和 $|\psi_2\rangle = \frac{1}{\sqrt{2}}|0\rangle - \frac{1}{\sqrt{2}}|1\rangle$,令 $|\psi_1\rangle$ 和 $|\psi_2\rangle$ 按如下方式形成一个新的叠加态 $|\psi\rangle$:

$$
\begin{aligned}
|\psi\rangle &= \frac{1}{\sqrt{2}}|\psi_1\rangle + \frac{1}{\sqrt{2}}|\psi_2\rangle \\
&= \frac{1}{\sqrt{2}}\left(\frac{1}{\sqrt{2}}|0\rangle + \frac{1}{\sqrt{2}}|1\rangle\right) + \frac{1}{\sqrt{2}}\left(\frac{1}{\sqrt{2}}|0\rangle - \frac{1}{\sqrt{2}}|1\rangle\right) \\
&= \frac{1}{2}(|0\rangle + |1\rangle) + \frac{1}{2}(|0\rangle - |1\rangle) \\
&= |0\rangle
\end{aligned}
\tag{1.19}
$$

式(1.19)中,$|\psi_1\rangle$ 和 $|\psi_2\rangle$ 中 $|0\rangle$ 的振幅具有相同的相对相位,发生相长干涉,使得测量得到 $|0\rangle$ 的概率加倍;相反,$|1\rangle$ 的振幅具有不同的相对相位,发生相消干涉,消除了测量得到 $|1\rangle$ 的可能性。

干涉(interference)是量子计算能力背后的基本原理之一。量子干涉常被用来消除那些无助于解决问题的状态的振幅,同时增加那些有助于解决问题的状态的振幅。

1.2.3 量子比特物理实现方式

DiVincenzo 判据用来判定一种物理系统能否实现通用量子计算,主要包含以下 5 个条件。

① 在可扩展的物理体系中能很好地表征(定义)量子比特(A scalable physical system with well characterized qubits)。

② 能够将量子比特初始化到某些确定的态,如基态 $|0\rangle$(The ability to initialize the state of the qubits to a simple state)。

③ 具有足够长的相干时间以完成量子逻辑门操作(Long relevant coherence time, much longer than the gate operation time)。

④ 能够实现一套通用量子逻辑门操作(A universal set of quantum gates)。

⑤ 能够对量子比特进行测量(A qubit specific measurement capability)。

关于 DiVincenzo 判据,各类中文版的译文差别较大,为防止产生歧义,上述各条件后面的括号内引用了 DiVincenzo 判据的英文原文。

基于 DiVincenzo 判据,科学家尝试在不同的系统中实现量子比特和量子计算系统,包括超导量子系统、离子阱、半导体量子点、光子系统、核磁共振系统、金刚石(nitrogen-vacancy)色心等。

表 1.2 列出了当前量子比特的物理实现方式的分类。总体上来讲,按两个维度进行了分类。

表 1.2 当前量子比特物理实现方式的分类

分 类	固态量子比特	非固态量子比特
微观量子比特	半导体量子点	离子阱、光量子
宏观量子比特	超导约瑟夫森结	

(1) 固态量子比特实现方式和非固态量子比特实现方式

固态量子比特实现方式包括超导量子系统、半导体量子点等。

超导量子系统的核心是约瑟夫森结与电容形成的非线性谐振电路。利用非线性谐振中的最低能级和第一激发态作为具有量子特性的二能级系统。非线性谐振电路放置在极低温的环境中,处于高能级的量子比特会释放能量并掉到基态,以此实现量子比特的初始化。

半导体量子点是在半导体材料(硅或砷化镓等)上创建门控量子点以编码量子比特,主要通过控制半导体系统中电子的电荷或自旋量子态实现。研究人员尝试在 Si/Ge 材料、纳米管、单层石墨等新型半导体材料上编码量子比特,因为这些新型材料没有核自旋且具有很长的量子相干时间。英特尔(Intel)公司将半导体量子点的操控环境要求从 10mK 级别提升到了 1K 级别,大幅降低了该方向实现量子计算的条件约束。半导体量子点受到关注要追溯到 1998 年 DiVincenzo 提出可以用因禁在量子点中的电子的自旋作为量子比特。在磁场下,电子自旋向上和向下发生能量劈裂,形成一个有效的二能级系统。单比特操作可以通过电子自旋共振的方式实现。两比特操作可以通过两个电子之间的交换相互作用实现。半导体量子点得益于成熟的半导体工业,易于扩展,因此这种方案受到了极大的关注。

非固态量子比特实现方式主要包括离子阱、光量子等。

离子阱编码量子比特主要利用真空腔中的电场囚禁少数离子,并通过激光操控这些囚禁的离子。每个离子在超精细相互作用下产生的两个能级将作为量子比特的两个能级。离子阱的读出和初始化效率可以接近100%。单比特的操控可以通过加入满足两个能级差的频率的激光实现,两比特操控可以通过调节离子之间的库仑相互作用实现。

光量子计算系统利用量子光源、线性光学器件以及单光子探测器等可以实现通用量子计算。虽然光量子比特相对容易制备,但实现量子计算需要整合大量的光学器件。光量子计算机具有信息存储量大、热量散发少、能耗相对较小等优点。在光量子计算和模拟方面,中国科学技术大学于2020年12月发布的76个光子的量子计算原型机"九章"是其典型代表。

(2) 微观量子比特实现方式和宏观量子比特实现方式

微观量子比特实现方式主要利用粒子的量子态实现,包括离子阱、光量子、半导体量子点等。宏观量子比特实现方式主要利用约瑟夫森结等实现,包括超导量子计算等。

在此分类基础上,表1.3给出量子比特实现方式的优缺点对比。

表 1.3　量子比特实现方式的优缺点对比

比 较 项	微观量子比特	宏观量子比特	特 性
比特质量	高	低	宏观量子现象需要极低温,而微观量子现象在多数情况下不需要极低温,甚至室温即可
环境要求	低	高	
消相干时间	长	短	当前技术条件下,微观量子比特与宏观量子比特在消相干时间内支持的操作数目基本相同
门操作时间	长	短	
多比特纠缠	难	相对容易	宏观量子比特操控的对象是宏观结构,因此难度要低于对粒子结构的微观量子比特操控
操控	难	相对容易	
集成度	差	高	目前,宏观量子比特在工艺水平、集成度和扩展性等方面的优势要超过微观量子比特
扩展性	差	好	
制备工艺	不成熟	成熟	

1.2.4 经典比特与量子比特的区别

量子比特具有叠加、纠缠和干涉等性质,这是其和经典比特的最大不同。

① 量子比特不仅可以处于$|0\rangle$和$|1\rangle$态,还可以处于它们的叠加态$|\psi\rangle = \alpha|0\rangle + \beta|1\rangle$,其中$|\alpha|^2 + |\beta|^2 = 1$。

② 两个以上的量子比特可以处于纠缠态,例如,$1/\sqrt{2}|01\rangle + 1/\sqrt{2}|10\rangle$不能表示为两个独立量子比特状态的张量积。

③ 量子态存在相位,具有量子相干性,存在相长干涉和相消干涉现象。

1.3 量 子 计 算

1.3.1 经典计算到量子计算

20 世纪 60 年代至 70 年代,人们发现能耗会导致计算机中的芯片发热,极大地影响了芯片的集成度,从而限制了计算机的运行速度。研究发现,能耗来源于计算过程中的不可逆操作,这也是由熵增定律决定的,即在一个孤立的系统中,如果没有外力做功,则其总混乱度(熵)会不断增大。

Bennett 证明了以下结论:只要是可逆门构造的网络,能量零损耗就是可能的。量子可逆门具有相同位数的输入/输出,在信息变换过程中不丢失输入信息,因此理论上不存在热耗散,可以有效地解决芯片的热耗问题。

理论上,量子门线路可以解决经典计算机的能耗问题。其一,量子计算机将单个微观粒子作为信息载体,可以构建新体系下的信息存储和计算系统;其二,每个量子门都对应一个酉演算,而酉量子门总是可逆的,因此,基于量子门的量子线路也是可逆的,其能耗在理论上几乎为 0。

如果要评选出 20 世纪最伟大的发明,那么电子计算机毫无疑问会是最有力的竞争者。随着将电子管更换为晶体管以及半导体技术的发展,芯片的集成度越来越高,计算能力越来越强。现在,即使普通手机的芯片也远不是当初的巨型机能比拟的。摩尔定律曾经预言单位芯片上的晶体管数量将会每18 到 24 个月翻一番,且性能增加一倍。摩尔定律提出后的数十年中都准确地预言了半导体工业的发展。但是近年来,半导体工业的发展明显放缓,一方面是因为高精度光刻机的研发难度很大,另一方面是因为对于如此高密度的晶体管,散热已经成为一个很严重的问题。各大半导体厂商已经逐渐进入低于 10nm 节点的阶段,晶体管的尺寸已经接近于经典物理极限。这时,量子效应已经逐渐显现,它不仅会导致漏电流的问题,而且可能导致计算错误。随着现代科技的不断进步,人们对计算能力的需求不断攀升。虽然现代计算机的能力已经很强大,但经典计算机总是在某些领域存在短板,例如模拟量子系统。量子系统的态空间可以随着粒子的数目呈指数增加,而计算机的计算能力只能随着芯片内部的晶体管数量线性增加。因此,即使是现在最先进的超级计算机,也只能模拟有限规模的量子系统。Feynman 曾提出用量子计算机模拟量子系统,这正是量子计算机概念的起源。虽然之后沉寂了数年,直到 Shor 大数因子分解算法、Grover 量子搜索算法等算法被提出,人们才意识到量子计算的巨大优势,开始对其重视起来。量子计算理论也迎来了大发展。

量子比特可以制备到两个计算基态 $|0\rangle$ 和 $|1\rangle$ 的叠加态。n 物理比特的经典存储器只能存储 2^n 个可能数据中的某一个。若是量子存储器,则可以同时存储 2^n 个数据,并且随着 n 的增加,其存储信息的能力将呈指数上升。理论上,一个 250 量子比特的存储器可能存储的数据达到 2^{250} 个,比现有已知宇宙中的全部原子的数目还要多。量子计算机在一次运算中可以同时对 2^n 个输入数据进行数学运算,其效果相当于经典计算机重复实施 2^n 次操作,或者采用 2^n 个不同的处理器实行并行操作。

可见,基于态叠加原理,量子计算机可以节省大量的运算资源(时间、记忆单元等)。理论上,量子计算机会比现在甚至将来的任何经典计算机都强大得多。例如,对于大数的质因子分解,现在还找不到有效的经典算法,然而利用"量子计算并行加速"可以设计出有效的量子算法以解决这个问题。由于大数的质因子分解是目前广泛使用的保密通信的基础,因此这个结果极大地激发了量子计算的理论和实验实现的研究。

量子计算直接利用量子现象(量子叠加态和纠缠态等)操控数据。量子计算机是遵循量子力学规律进行存储、运算及读出量子信息的一类物理装置。当某个装置处理和计算的是量子信息,运行的是量子算法时,它所进行的操作就是量子计算。

1.3.2 经典计算和量子计算的区别

表 1.4 描述了经典计算和量子计算在进行单比特运算和双比特运算时的区别。

表 1.4　经典计算和量子计算的区别

	经 典 计 算	量 子 计 算
单比特运算	$0 \rightarrow \boxed{F} \rightarrow F(0)$ $1 \rightarrow \boxed{F} \rightarrow F(1)$	$\|\psi\rangle \rightarrow \boxed{U} \rightarrow \|\varphi'\rangle$ $\|\psi\rangle = [\alpha, \beta]^{\mathrm{T}}$ $\|\psi'\rangle = U\|\psi\rangle = U[\alpha, \beta]^{\mathrm{T}}$
双比特运算	$\begin{array}{c}0\\0\end{array} \Rightarrow \boxed{F} \Rightarrow F(00)$ $\begin{array}{c}0\\1\end{array} \Rightarrow \boxed{F} \Rightarrow F(01)$ $\begin{array}{c}1\\0\end{array} \Rightarrow \boxed{F} \Rightarrow F(10)$ $\begin{array}{c}1\\1\end{array} \Rightarrow \boxed{F} \Rightarrow F(11)$	$\|\psi\rangle \Rightarrow \boxed{U} \Rightarrow \|\psi'\rangle$ $\|\psi\rangle = [a_1, a_2, a_3, a_4]^{\mathrm{T}}$ $\|\psi'\rangle = U\|\psi\rangle = U[a_1, a_2, a_3, a_4]^{\mathrm{T}}$

1. 单比特运算

经典计算的运算 F 针对输入值 0 计算出输出值 $F(0)$，或是针对输入值 1 计算出输出值 $F(1)$，一步执行一次运算。而量子计算用 $|0\rangle$ 和 $|1\rangle$ 的叠加态 $|\psi\rangle = [\alpha, \beta]^{\mathrm{T}}$ 作为输入，输出的是 $|\psi'\rangle = U|\psi\rangle = U[\alpha, \beta]^{\mathrm{T}}$，可认为一步就完成了两次运算。

2. 双比特运算

经典计算的运算 F 可定义为两种形式：① 2 位输入和 1 位输出的 $f_1(x)$：$\{0,1\}^2 \rightarrow \{0,1\}$；② 2 位输入和 2 位输出的 $f_2(x)$：$\{0,1\}^2 \rightarrow \{0,1\}^2$。表 1.4 中只给出了 $f_1(x)$。不论是 $f_1(x)$ 还是 $f_2(x)$，都只能执行 $F(00)$，$F(01)$，$F(10)$ 或 $F(11)$ 中的一次运算。而量子计算的输入态可表示为计算基 $\{|00\rangle, |01\rangle, |10\rangle, |11\rangle\}$ 上的叠加态 $|\psi\rangle = [a_1, a_2, a_3, a_4]^{\mathrm{T}}$，输出态为 $|\psi'\rangle = U|\psi\rangle = U[a_1, a_2, a_3, a_4]^{\mathrm{T}}$，相当于一步就对 $|00\rangle$、$|01\rangle$、$|10\rangle$ 和 $|11\rangle$ 这四个计算基态执行了同样的运算。量子门要求所有操作必须是酉变换，其输入和输出的量子比特数目应相等。

经典计算机的硬件使用了通过量子力学原理设计的半导体，然而其工作原理却是基于经典力学的。量子计算机是利用量子力学原理进行运算的计算机，其基本信息单位是量子比特。量子比特具有量子叠加、纠缠和相干等特性，通过量子态的受控演化实现信息编码和计算存储，具有经典计算技术无法比拟的巨大的信息存储和并行计算能力，且随着量子比特数量的增加，其计算和存储能力将呈指数规模扩展。

1.3.3　量子计算简史

1. 量子革命

著名量子物理学家、中国科学技术大学教授潘建伟曾在多次演讲中提到第一次量子革命和第二次量子革命的概念。

（1）第一次量子革命：被动观测与应用

第一次量子革命的主要特征是基于量子力学效应的信息技术利用及控制宏观量子行为。

从 1900 年普朗克通过普朗克公式描述黑体辐射后而提出量子论的百余年来，众多物理学家通过对量子规律的观测成功构建起了量子力学的物理大厦。

第一次量子革命直接催生了现代信息技术。基于量子力学原理，核能、半导体晶体管、激光、核磁共振、高温超导材料等诸多应用问世。有了半导体，才有了现代意义上的通用计算机，进而才有了万维网；量子力学构建起非常精确的原子钟，才使 GPS 卫星全球定位、导航等成为可能。可以说，量子技术是现代信息技术的硬件基础。

（2）第二次量子革命：主动调控和操纵

第二次量子革命的主要特征是操控量子体系（电子、光子等）的微观量子行为。

科学家在量子信息科学与技术领域展开了大量实验研究，发展出精细的量子调控技术。结合量子调控和信息技术，人类迎来了以量子信息技术为代表的第二次量子革命，从对量子规律的被动观测和应用转变为对量子状态的主动调控和操纵。量子信息技术利用量子体系的叠加、纠缠等量子力学行为进行信息获取、处理和传输。这一飞跃正如人类对生物学的认识从孟德尔遗传定律跨越到基因工程，对多个领域产生了基础性与颠覆性的重大影响。

2. 发展简史

1981 年，Feynman 提出了量子模拟。

1985 年，Deutsch 阐述了量子图灵机的概念，并提出了第一个量子算法——Deutsch 算法。

1992 年,Deutsch 和 Jozsa 提出了 Deutsch-Jozsa 量子算法。

1993 年,姚期智首次证明了量子图灵机模型与量子线路模型的等价性。

1994 年,Shor 提出了大数因式分解算法。

1996 年,Grover 提出了量子搜索算法;DiVincenzo 提出了构建可行量子计算机的判据。

1998 年,Bernhard Omer 提出了量子计算编程语言。

2001 年,IBM 实现了因数分解 15。

2004 年,耶鲁大学和印第安纳大学提出了 cQED。

2007 年,耶鲁大学和魁北克大学合作实现了 transmon 超导量子比特。

2009 年,A. Harrow、A. Hassidim 和 S. Lloyd 三人共同提出了 HHL 量子算法。

2011 年,D-Wave 公司研制出了第一款商用量子退火机。

2013 年,D-Wave 公司发布了 512Q 的量子计算设备。

2016 年,IBM 公司发布了 6 量子比特的可编程量子计算机。

2017 年,D-Wave 公司推出了 2000Q;IBM 公司发布了 Qiskit 云平台;同年,本源量子发布了 32 位量子计算虚拟系统和云平台。

2018 年 4 月,Google 公司发布了 72 量子比特超导计算机芯片 Bristlecone。

2018 年 12 月,本源量子发布了测控一体机 Origin Quantum AIO。

2019 年 1 月,IBM 公司发布了第一台独立的量子计算机 IBM Q System One。

2019 年 9 月,Google 公司首次实现了"量子霸权"。

2020 年 3 月,Google 公司推出了 TensorFlow Quantum。

2020 年 12 月,中国科学技术大学发布了 76 个光子的量子计算原型机"九章"。

2021 年 2 月,国防科技大学成功研制出新型可编程光量子计算芯片,演示了顶点搜索、图同构等图论问题的量子算法;本源发布了量子计算机操作系统"本源司南"。

2021 年 5 月,中国科学技术大学发布了 62 量子比特超导量子计算原型机"祖冲之号"。

2021 年 7 月,中国科学院物理研究所实现了无液氦稀释制冷机的自主研发。

1.4 量子程序与量子编程

量子计算的基本单元是量子比特。量子计算机中的测控设备能够可控地制备、操作与测量量子比特的状态。一台 n 量子比特的量子计算机可以表示的状态空间是整个 2^n 维的希尔伯特空间,每个量子态(波函数)表示该空间中的一个态矢。只要该计算机与环境的耦合可以忽略不计,那么其量子态(波函数)随时间的演化就是幺正(酉)的,且该演化是遵守薛定谔方程的。

图 1.2 描述了一个量子程序的开发和执行过程。针对实际问题设计量子算法,量子编程将量子算法实现为"经典+量子"的量子程序。经典部分主要包括经典计算机与量子计算机的交互、结果数据的分析和可视化等工作;量子部分的核心是量子算法中量子线路的创建和后端执行。后端(backend)是指真正执行量子线路的设备,可以是模拟器或真实的量子计算机。图 1.2 中虚框外的部分在经典计算机上实现,虚框内的部分由量子计算机或模拟器实现。

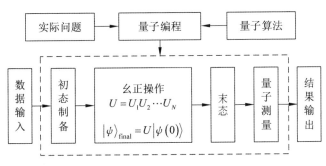

图 1.2　量子程序的开发和执行

图 1.2 中虚框内示意的是量子程序对应的量子线路的执行过程,分为三个基本步骤:初态制备、幺正变换和对末态进行量子测量。在 $|\psi\rangle_{\text{final}}=U|\psi(0)\rangle$ 中,$|\psi(0)\rangle$ 为量子线路的初态,执行整个量子线路相当于执行其对应的酉变换 U,从而得到末态 $|\psi\rangle_{\text{final}}$。$U=U_1 U_2\cdots U_N$ 代表量子线路由 N 个量子门 U_1,U_2,$\cdots$,U_N 组成。需要注意的是,U_N 是最靠近初态的门。

测量结果在本质上是概率性的,不同结果出现的概率是由每个量子态的幅值决定的。一个量子算法通常需要重复测量多次,才能获得量子态统计学上的概率分布,进而获得概率值的最大输出。由于利用了量子叠加性、相干性和纠缠特性,量子计算机的潜在能力远强于目前的经典计算机。

1.5 典型量子程序开发平台

1. Qiskit

Qiskit 是 IBM 公司开放源码的量子计算软件开发框架,主要由四大模块组成:①Terra 为 Qiskit 软件栈的基础模块,负责量子线路的构建、优化、执行和测量等工作,可在量子门和脉冲级别编程;②Aer 是一个高性能模拟器框架;③Ignis 用来表征和消除量子线路和量子系统中的噪声,可以检查并改进量子门的实现;④Aqua 提供了量子化学、优化问题和人工智能等领域的量子算法库,可在其上构建用于近期量子计算机的应用程序。

2. Cirq

Google 公司的 Cirq 开源框架能使开发者基于 Python 语言为含噪中等规模量子机(Noisy Intermediate-Scale Quantum,NISQ)高效地编写量子线路和量子算法。Cirq 支持在模拟器或量子计算机上运行算法。

3. Forest SDK

Rigetti Computing 公司的量子汇编指令语言 Quil 支持量子门和脉冲级的量子线路设计。该公司的开源开发套件 Forest SDK 主要包含三部分内容:①PyQuil 是一个 Python 库,为 Quil 提供了 Python 语言的开发接口;②Quilc 是一款基于门的量子程序优化编译器,它可将 PyQuil、Qiskit、Cirq 或 QASM 生成的量子线路作为输入,并通过配置指令集架构(ISA)将代码翻译到非 Rigetti QPU 的其他量子处理器上;③量子虚拟机 QVM 是 Rigetti 的开源量子计算模拟器,可以在无噪声或有噪声的条件下模拟 Quil 程序的执行。

4. Quantum Development Kit

Microsoft 公司的量子程序开发套件 Quantum Development Kit(QDK)提供了 Microsoft 高级量子编程语言 Q♯。开发者可在 Windows、macOS 或 Linux 系统的集成用户环境 Visual Studio 中方便快捷地进行量子程序的开发。

5. QPanda

本源量子开发的量子计算开发工具库 QPanda 可以快捷地构建、运行和优化量子算法,支持全振幅量子计算模拟、单振幅量子计算模拟和部分振幅量子计算模拟,也可用于模拟含噪声的量子逻辑门计算。QPanda 集成了很多主流的量子算法,是量子计算学习及量子算法验证的有力工具。

6. HiQ

华为的 HiQ 量子计算云平台提供的模拟器 HiQ Simulator 包括分布式单振幅模拟器、分布式全振幅模拟器和量子纠错线路模拟器。HiQ 兼容开源 ProjectQ,通过华为自研的 CloudIDE,依托华为云提供的计算、网络、存储和安全等资源服务,可为开发者和合作伙伴提供良好的编程体验和生态能力。

小　　结

量子是量子力学中的重要概念,表示一个物理量的最小不可分割的基本单位。

量子比特是量子计算的基本信息单位。叠加、纠缠、干涉是其重要的基本性质。量子测量用来观测一个量子态,测量会引起塌缩。

量子计算利用了量子力学原理,通过对量子态的可控演化实现信息编码和计算存储,具有经典计算技术无法比拟的巨大的信息存储和并行计算能力,且随着量子比特数量的增加,其计算和存储能力将呈指数规模扩展。

量子程序通常为“经典＋量子”架构。经典部分主要包括经典计算机与量子计算机的交互、结果数据的分析和可视化等工作;量子部分的核心是量子算法中量子线路的创建和后端执行。

习　　题

1. 考虑状态 $|\psi\rangle = \sqrt{\dfrac{3}{5}}\,|0\rangle + \sqrt{\dfrac{2}{5}}\,|1\rangle$。

(1) 计算内积 $\langle\psi|\psi\rangle$;

(2) 计算外积 $|\psi\rangle\langle\psi|$;

(3) 计算 $|\psi\rangle$ 在基 $\{|0\rangle,|1\rangle\}$ 上各基态的测量概率。

2. 简述下列量子力学的相关概念:叠加、测量、纠缠和干涉。

3. 计算下列量子态针对计算基态 $|0\rangle$ 和 $|1\rangle$ 的测量概率。

（1）$\dfrac{1}{\sqrt{2}}|0\rangle - \dfrac{1}{\sqrt{2}}|1\rangle$；

（2）$\dfrac{1}{\sqrt{2}}|0\rangle - \dfrac{i}{\sqrt{2}}|1\rangle$；

（3）$\dfrac{1}{\sqrt{2}}|0\rangle - \dfrac{1}{\sqrt{2}}e^{i\frac{\pi}{4}}|1\rangle$。

4．证明 $|\psi\rangle = \dfrac{1}{\sqrt{2}}|01\rangle - \dfrac{1}{\sqrt{2}}|10\rangle$ 是纠缠态。

5．解释量子比特的叠加原理与量子并行加速之间的关系。

6．解释量子测量与量子塌缩的概念。

7．解释纠缠与干涉在量子计算中的意义和作用。

8．经典计算和量子计算有什么区别？计算的本质是什么？

第 2 章

量子比特与布洛赫球表示

本章核心知识点：

☐ 布洛赫球面与布洛赫球

☐ 全局相位与相对相位

☐ 纯态、混态与最大混态

☐ 半角处理及其作用

☐ 不同正交基的量子态测量

☐ 酉变换与酉算符

☐ 单量子比特门的状态演化可视化

2.1 量子比特的数学描述

一个量子比特可由一个二能级系统进行编码。二能级系统的基态可编码为$|0\rangle$，激发态为$|1\rangle$。量子比特的任意纯态可描述为

$$|\psi\rangle = \alpha|0\rangle + \beta|1\rangle = \begin{bmatrix} \alpha \\ \beta \end{bmatrix} \tag{2.1}$$

其中，α 和 β 是复数，$|\alpha|^2 + |\beta|^2 = 1$。式(2.1)描述的量子比特是一个二维希尔伯特空间中的矢量。量子比特属于一个由连续变量 α 和 β 刻画的矢量空间。

由式(2.1)，任意一个量子比特纯态也可以写成

$$|\psi\rangle = e^{i\gamma}\left(\cos\frac{\theta}{2}|0\rangle + e^{i\phi}\sin\frac{\theta}{2}|1\rangle \right) \tag{2.2}$$

其中，θ、ϕ 和 γ 都是实数；$\theta \in [0, \pi]$，$\phi \in [0, 2\pi]$。

$e^{i\gamma}$ 称作全局相位(global phase)。全局相位不影响$|0\rangle$和$|1\rangle$的测量概率值，也就是说，$e^{i\gamma}$没有可观测效应，所以在很多情况下可以省略。

$e^{i\phi}$ 称作相对相位(relative phase)。相对相位是 $|1\rangle$ 的重要因子,它的影响可以在布洛赫球面上表现出来。

这样,一个量子比特的状态可以写成

$$|\psi\rangle = \cos\frac{\theta}{2}|0\rangle + e^{i\phi}\sin\frac{\theta}{2}|1\rangle$$

$$= \begin{bmatrix} \cos\dfrac{\theta}{2} \\[2mm] e^{i\phi}\sin\dfrac{\theta}{2} \end{bmatrix}, \theta \in [0,\pi], \phi \in [0,2\pi) \tag{2.3}$$

本章后续内容将结合量子比特的布洛赫球表示和上述 3 个公式之间的详细演变过程深入阐述量子比特的全局相位、相对相位、全局相位不变性等概念的内涵。

2.2 量子比特几何图像

由于归一化条件,量子比特的纯态可用具有单位半径的球上的一个点表示,这个球就叫作布洛赫球。费利克斯·布洛赫(Felix Bloch,1905—1983)出生于瑞士苏黎世,与爱德华·珀塞尔(Edward Mills Purcell,1912—1997)合作,因为发展核磁精密测量的新方法及其有关的发现,共同分享了 1952 年的诺贝尔物理学奖。

布洛赫球可用于直观地表达量子比特的状态。如图 2.1 所示,以原点为球心,单位 1 为半径画一个三维球面,以原点为起点指向球面上任意位置的矢量(称为布洛赫矢量)代表一个状态 $|\psi\rangle$。直角坐标系下,布洛赫矢量的 3 个分量 (x,y,z) 满足归一化条件 $x^2 + y^2 + z^2 = 1$。布洛赫矢量也可用极坐标

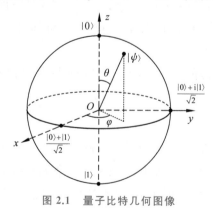

图 2.1 量子比特几何图像

$(1,\theta,\phi)$表示,其中,θ 是$|\psi\rangle$与 z 轴正向之间的夹角,φ 是$|\psi\rangle$在复平面上的投影与 x 轴正向之间的夹角。布洛赫矢量的极坐标$(1,\theta,\phi)$和直角坐标(x,y,z)之间具有以下关系:

$$\begin{cases} x = \cos\phi\sin\theta \\ y = \sin\phi\sin\theta \\ z = \cos\theta \end{cases} \tag{2.4}$$

布洛赫球的 3 个坐标轴上存在 3 组标准正交基。通常约定 z 轴正向的态矢为$|0\rangle$,可记为 z_+;z 轴负向的态矢为$|1\rangle$,也可记为 z_-。$\{z_+,z_-\}$构成计算基,z_+ 和 z_- 标准正交,但分别位于 z 轴的两端,呈 180°关系,并非垂直。同样,x 轴正向的态矢为$\dfrac{|0\rangle+|1\rangle}{\sqrt{2}}$,负向的态矢为$\dfrac{|0\rangle-|1\rangle}{\sqrt{2}}$;$y$ 轴正向的态矢为$\dfrac{|0\rangle+\mathrm{i}|1\rangle}{\sqrt{2}}$,负向的态矢为$\dfrac{|0\rangle-\mathrm{i}|1\rangle}{\sqrt{2}}$。

布洛赫球面上的任意点对应的量子态称为纯态(pure state)。出现在球内(离球心距离小于 1)而不是球面上的点对应的量子态称为混态(mixed state)。特别地,球心点为最大混态(maximally mixed state)。

如图 2.1 所示,一个纯态$|\psi\rangle$对应以原点为起点指向球面上某点的矢量。式(2.2)中,具有任意 γ 值的量子态都由布洛赫球面上的同一个点表示。一个纯态可由式(2.3)描述。式(2.3)也可以用其直角坐标(x,y,z)描述,即

$$|\psi\rangle = \begin{bmatrix} \sqrt{\dfrac{1+z}{2}} \\ \dfrac{x+\mathrm{i}y}{\sqrt{2(1+z)}} \end{bmatrix} \tag{2.5}$$

下一节的内容将努力解决以下问题。

① 为何式(2.2)和式(2.3)中的 θ 要除以 2?

② 式(2.2)和式(2.3)中的 θ、ϕ 与式(2.1)中的 α、β 的关系是什么?

③ 量子态的全局相位和相对相位是由什么因素确定以及如何计算的?

④ 为什么说全局相位没有可观测效应?

⑤ 具有任意 γ 值的量子态为什么在布洛赫球表示中对应同一个点?

⑥ 为什么正交基$|0\rangle$和$|1\rangle$在布洛赫球表示中不呈直角,而呈平角?

2.3 量子比特的布洛赫球表示

如图 2.2 所示,考察复平面单位圆上的点对应的复数 z,$|z|^2=1$。如果 $z=x+iy$,其中 x 和 y 是实数,那么

$$
\begin{aligned}
|z|^2 &= z^* z \\
&= (x-iy)(x+iy) \\
&= x^2 + y^2
\end{aligned}
\tag{2.6}
$$

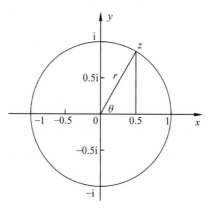

图 2.2 复平面单位圆

复平面上的任意 $z=x+iy$,有 $x=r\cos\theta$,$y=r\sin\theta$,即

$$
z = r(\cos\theta + i\sin\theta)
\tag{2.7}
$$

由欧拉公式 $e^{i\theta}=\cos\theta+i\sin\theta$ 可得

$$
z = re^{i\theta}
\tag{2.8}
$$

复平面单位圆的 $r=1$,从而

$$
z = e^{i\theta}
\tag{2.9}
$$

式(2.1)中量子态 $|\psi\rangle=\alpha|0\rangle+\beta|1\rangle$ 用极坐标可表示为

$$
|\psi\rangle = r_\alpha e^{i\phi_\alpha}|0\rangle + r_\beta e^{i\phi_\beta}|1\rangle
\tag{2.10}
$$

式中,$|\psi\rangle$ 有 4 个实数参数 r_α,ϕ_α,r_β 和 ϕ_β。

2.3.3 全局相位不变性

对量子态 $|\psi\rangle = \alpha|0\rangle + \beta|1\rangle$ 进行测量,可测得 $|0\rangle$ 和 $|1\rangle$ 的概率值分别为 $|\alpha|^2$ 和 $|\beta|^2$。$|\psi\rangle$ 乘以任意因子 $e^{i\gamma}$(一个全局相位)不会改变 $|0\rangle$ 和 $|1\rangle$ 的概率值,因为

$$|e^{i\gamma}\alpha|^2 = (e^{i\gamma}\alpha)^* (e^{i\gamma}\alpha) = (e^{-i\gamma}\alpha^*)(e^{i\gamma}\alpha) = \alpha^*\alpha = |\alpha|^2 \tag{2.11}$$

同理,$|\beta|^2$ 也是这样。

从而可以将状态 $|\psi\rangle = r_\alpha e^{i\phi_\alpha}|0\rangle + r_\beta e^{i\phi_\beta}|1\rangle$ 乘以 $e^{-i\phi_\alpha}$ 得到一个新的态 $|\psi'\rangle$,即

$$|\psi'\rangle = r_\alpha|0\rangle + r_\beta e^{i(\phi_\beta - \phi_\alpha)}|1\rangle = r_\alpha|0\rangle + r_\beta e^{i\phi}|1\rangle \tag{2.12}$$

量子态 $|\psi'\rangle$ 有 3 个实参: r_α、r_β 和 $\phi = \phi_\beta - \phi_\alpha$。

这时得到的 ϕ 决定了 $|\psi\rangle$ 或 $|\psi'\rangle$ 的相对相位 $e^{i\phi}$。

由于全局相位不变性,$|\psi'\rangle$ 与 $|\psi\rangle$ 可视为等价。

2.3.4 归一化约束

将量子态 $|\psi'\rangle$ 的 $|1\rangle$ 的振幅系数切换回直角坐标表示,即

$$|\psi'\rangle = r_\alpha|0\rangle + r_\beta e^{i\phi}|1\rangle = r_\alpha|0\rangle + (x+iy)|1\rangle \tag{2.13}$$

量子态 $|\psi'\rangle$ 仍满足归一化约束 $\langle\psi'|\psi'\rangle = 1$。归一化约束条件为

$$
\begin{aligned}
|r_\alpha|^2 + |x+iy|^2 &= r_\alpha^2 + (x+iy)^*(x+iy) \\
&= r_\alpha^2 + (x-iy)(x+iy) \\
&= r_\alpha^2 + x^2 + y^2 = 1
\end{aligned}
\tag{2.14}
$$

可见,点 (x, y, r_α) 位于直角坐标系的单位球上。

直角坐标与极坐标之间的关系为

$$
\begin{cases}
x = r\sin\theta\cos\phi \\
y = r\sin\theta\sin\phi \\
z = r\cos\theta
\end{cases}
\tag{2.15}
$$

将式(2.13)中的 r_α 重命名为 z,并令 $r=1$,可得

$$
\begin{aligned}
|\psi'\rangle &= z|0\rangle + (x+iy)|1\rangle \\
&= \cos\theta|0\rangle + \sin\theta(\cos\phi + i\sin\phi)|1\rangle \\
&= \cos\theta|0\rangle + e^{i\phi}\sin\theta|1\rangle
\end{aligned}
\tag{2.16}
$$

式中,量子态 $|\psi'\rangle$ 仅与两个实数参数(θ 和 ϕ)相关。

2.3.5　半角处理

至此,式(2.16)还不能作为量子比特布洛赫球表示的描述。

首先,当 $\theta=0$ 时,$|\psi'\rangle=|0\rangle$;当 $\theta=\dfrac{\pi}{2}$ 时,$|\psi'\rangle=\mathrm{e}^{\mathrm{i}\phi}|1\rangle$。这表明选取 $\theta\in[0,\pi/2]$ 已足够产生布洛赫球上所有的点。

其次,量子态 $|\psi'\rangle$ 与其对跖点 $|\psi^A\rangle$ 只相差相位因子 -1,两者可认为是等价的。几何学中,球面上任一点与球心的连线会交球面于另一点,位于球体直径两端的两点互称为对跖点。

对跖点 $|\psi^A\rangle$ 具有球极坐标 $(1,\pi-\theta,\phi+\pi)$。

$$
\begin{aligned}
|\psi^A\rangle &= \cos(\pi-\theta)|0\rangle + \mathrm{e}^{\mathrm{i}(\phi+\pi)}\sin(\pi-\theta)|1\rangle \\
&= -\cos\theta|0\rangle + \mathrm{e}^{\mathrm{i}\phi}\mathrm{e}^{\mathrm{i}\pi}\sin\theta|1\rangle \\
&= -\cos\theta|0\rangle - \mathrm{e}^{\mathrm{i}\phi}\sin\theta|1\rangle \\
&= -|\psi'\rangle
\end{aligned}
\tag{2.17}
$$

在布洛赫球表示中,只考虑式(2.16)对应的单位球的上半球($0\leqslant\theta\leqslant\pi/2$)。引入半角可以让上半球的点映射到整个球面。

半角处理的方法是:令 $\theta'=2\theta$,有 $\theta=\dfrac{\theta'}{2}$。得

$$
|\psi'\rangle=\cos\frac{\theta'}{2}|0\rangle+\mathrm{e}^{\mathrm{i}\phi}\sin\frac{\theta'}{2}|1\rangle
\tag{2.18}
$$

其中,$0\leqslant\theta'\leqslant\pi,0\leqslant\phi<2\pi$。

经半角处理,仍满足归一化约束条件。式(2.18)描述的态均位于半径为1的球面上,即布洛赫球面。

2.4　布洛赫球的性质

布洛赫球具有以下性质。

性质1:布洛赫球的同一个直径的两个端点对应的态是正交的。

性质2:X 轴、Y 轴和 Z 轴与布洛赫球面的交点对应泡利算符 σ_x、σ_y 和 σ_z 的本征态,本征值为 ±1。

性质3:矢量 n 所在的直线与球面的交点 (x,y,z) 对应 $\sigma_n=x\sigma_x+y\sigma_y+z\sigma_z$ 的本征态,本征值为 ±1。

　　设布洛赫球同一个直径的两个端点对应的态分别为 $|\psi\rangle$ 和 $|\chi\rangle$，由归一化条件可知 $\langle\psi|\psi\rangle=1$，$\langle\chi|\chi\rangle=1$。若 $|\psi\rangle$ 和 $|\chi\rangle$ 正交，则应有 $\langle\psi|\chi\rangle=0$ 或 $\langle\chi|\psi\rangle=0$。

　　线性算符 A 的本征向量 $|\lambda\rangle$ 为满足以下条件的非零向量：

$$A|\lambda\rangle=\lambda|\lambda\rangle \tag{2.19}$$

其中，复数 λ 是算符 A 的对应于本征向量 $|\lambda\rangle$ 的本征值。

　　求线性算符 A 本征值与本征向量的步骤：

　　（1）计算 A 的本征方程 $\det(\lambda I-A)=0$ 的全部根，即 A 的本征值 λ_1，$\lambda_2,\cdots,\lambda_n$。

　　（2）根据本征值 λ_i 求齐次线性方程组

$$(\lambda_i I-A)|\lambda\rangle=0$$

的非零解，就是对应于 λ_i 的本征向量。

　　泡利矩阵（Pauli 矩阵）通常指下列这组矩阵中的 σ_x，σ_y 和 σ_z（单位矩阵被认为 σ_0）。

$$
\begin{aligned}
&\sigma_0\equiv I\equiv\begin{bmatrix}1&0\\0&1\end{bmatrix} &&\sigma_1\equiv\sigma_x\equiv X\equiv\begin{bmatrix}0&1\\1&0\end{bmatrix}\\
&\sigma_2\equiv\sigma_y\equiv Y\equiv\begin{bmatrix}0&-i\\i&0\end{bmatrix} &&\sigma_3\equiv\sigma_z\equiv Z\equiv\begin{bmatrix}1&0\\0&-1\end{bmatrix}
\end{aligned}
\tag{2.20}
$$

　　泡利矩阵具有以下性质：

　　（1）$\sigma_1^2=\sigma_2^2=\sigma_3^2=-i\sigma_1\sigma_2\sigma_3=\begin{bmatrix}1&0\\0&1\end{bmatrix}=I$，其中 I 是单位矩阵。

　　（2）泡利矩阵的行列式 $\det(\sigma_i)=-1$。

　　（3）泡利矩阵的迹 $\mathrm{Tr}(\sigma_i)=0$。

　　每个泡利矩阵有两个本征值——$+1$ 和 -1，其对应的归一化本征向量分别为

$$
\begin{cases}
\psi_{x+}=\dfrac{1}{\sqrt{2}}\begin{bmatrix}1\\1\end{bmatrix} &\psi_{x-}=\dfrac{1}{\sqrt{2}}\begin{bmatrix}1\\-1\end{bmatrix}\\[2mm]
\psi_{y+}=\dfrac{1}{\sqrt{2}}\begin{bmatrix}1\\i\end{bmatrix} &\psi_{y-}=\dfrac{1}{\sqrt{2}}\begin{bmatrix}1\\-i\end{bmatrix}\\[2mm]
\psi_{z+}=\begin{bmatrix}1\\0\end{bmatrix} &\psi_{z-}=\begin{bmatrix}0\\1\end{bmatrix}
\end{cases}
\tag{2.21}
$$

　　【例 2.1】　请证明性质 1。

　　证：

　　考虑量子态 $|\psi\rangle$，即

$$|\psi\rangle = \cos\frac{\theta}{2}|0\rangle + e^{i\varphi}\sin\frac{\theta}{2}|1\rangle, \theta \in [0,\pi], \varphi \in [0,2\pi) \tag{2.22}$$

$|\chi\rangle$ 是布洛赫球上与其相对的一个点$(1,\pi-\theta,\varphi+\pi)$，即

$$\begin{aligned}|\chi\rangle &= \cos\left(\frac{\pi-\theta}{2}\right)|0\rangle + e^{i(\varphi+\pi)}\sin\left(\frac{\pi-\theta}{2}\right)|1\rangle \\ &= \cos\left(\frac{\pi-\theta}{2}\right)|0\rangle - e^{i\varphi}\sin\left(\frac{\pi-\theta}{2}\right)|1\rangle\end{aligned} \tag{2.23}$$

所以

$$\langle\chi|\psi\rangle = \cos\left(\frac{\theta}{2}\right)\cos\left(\frac{\pi-\theta}{2}\right) - \sin\left(\frac{\theta}{2}\right)\sin\left(\frac{\pi-\theta}{2}\right) \tag{2.24}$$

根据 $\cos(\alpha+\beta) = \cos\alpha\cos\beta - \sin\alpha\sin\beta$，有

$$\langle\chi|\psi\rangle = \cos\frac{\pi}{2} = 0 \tag{2.25}$$

证得 $|\psi\rangle$ 和 $|\chi\rangle$ 正交。

【例 2.2】 证明 Y 轴与布洛赫球面的交点正好是 σ_y 的本征态，本征值为 ±1。

证：

已知 Y 轴与布洛赫球面的交点为 $\dfrac{1}{\sqrt{2}}(|0\rangle \pm i|1\rangle)$，其向量表示为 $\dfrac{1}{\sqrt{2}}\begin{bmatrix}1\\\pm i\end{bmatrix}$。

泡利矩阵 σ_y 是厄米矩阵，即

$$\sigma_y = \begin{bmatrix}0 & -i\\i & 0\end{bmatrix} \tag{2.26}$$

通过下式

$$\det(\sigma_y - \lambda I) = \lambda^2 - 1 = 0 \tag{2.27}$$

可以求出 σ_y 的本征值分别为 $\lambda_1 = 1, \lambda_2 = -1$。

设 $|\lambda_1\rangle = (x,y)^T$ 是 λ_1 的一个本征向量，则有

$$\sigma_y|\lambda_1\rangle = |\lambda_1\rangle \rightarrow \begin{bmatrix}0 & -i\\i & 0\end{bmatrix}\begin{bmatrix}x\\y\end{bmatrix} = \begin{bmatrix}x\\y\end{bmatrix} \rightarrow \begin{cases}-iy = x\\ix = y\end{cases} \tag{2.28}$$

若 $x=1$，则有 $y=i$。对 $|\lambda_1\rangle$ 归一化后的本征向量为

$$|\lambda_1\rangle = \frac{1}{\sqrt{2}}\begin{bmatrix}1\\i\end{bmatrix} \tag{2.29}$$

同理，可得

$$|\lambda_2\rangle = \frac{1}{\sqrt{2}}\begin{bmatrix} 1 \\ -\mathrm{i} \end{bmatrix} \tag{2.30}$$

可见,泡利矩阵 σ_y 的本征态 $|\lambda_1\rangle$ 和 $|\lambda_2\rangle$ 为 Y 轴与布洛赫球面的交点。

2.5　量子测量

2.5.1　投影测量

量子力学用希尔伯特空间的一个向量 $|\psi\rangle$ 描述量子系统的状态,但在实验上是无法直接观测 $|\psi\rangle$ 的。为了将抽象的 $|\psi\rangle$ 和现实物理观测联系起来,量子力学引入了可观测量(observable)和算符(operator)的概念。可观测量由自伴算符(self-adjoint operators)表征,自伴有时也称厄米(Hermitian)。可观测量的观测结果是相应算符的本征值。

量子态的信息不能直接被获取,而是通过测量获取量子态的可观测信息。最常用的测量方式是投影测量。如果 $|e_k\rangle \in V$ 是一个单位矢量,V 是有限维的复线性矢量空间,则 $P_k \equiv |e_k\rangle\langle e_k|$ 被称为 $|e_k\rangle$ 方向上的投影算符,满足条件

$$P_k^2 = P_k \tag{2.31}$$

$$P_k P_j = 0 \quad (k \neq j,\ |e_k\rangle \text{与} |e_j\rangle \text{正交}) \tag{2.32}$$

$$\sum_k P_k = I \tag{2.33}$$

对于任意矢量 $|\psi\rangle$,其在 $|e_k\rangle$ 上的投影 $|v\rangle$ 按下式计算:

$$|v\rangle = P_k|\psi\rangle = |e_k\rangle\langle e_k|\psi\rangle = \langle e_k|\psi\rangle|e_k\rangle \tag{2.34}$$

显然,$|v\rangle$ 平行于矢量 $|e_k\rangle$,$|\psi\rangle - P_k|\psi\rangle$ 正交于矢量 $|e_k\rangle$。特别地,$P_k|e_k\rangle = |e_k\rangle$,且对于任何与 $|e_k\rangle$ 正交的矢量 $|\psi\rangle$,有 $P_k|\psi\rangle = 0$。

测量 $|\psi\rangle$ 获得态 $|e_k\rangle$ 的概率是它们内积的模平方,即

$$p_k = |\langle e_k|\psi\rangle|^2 \tag{2.35}$$

将量子态投影到 $|e_k\rangle$ 的正交态上,可以得到量子态处于其正交态的几率为

$$p_{k\perp} = 1 - p_k \tag{2.36}$$

泡利矩阵 σ_x、σ_y 和 σ_z 分别是自旋 x 方向、y 方向和 z 方向的可观测量(σ_i 为厄米矩阵,$\sigma_i = \sigma_i^{\dagger}$)。泡利矩阵可用来描述自旋量子数 $s = 1/2$ 的基本粒子的自旋。量子力学认为,自旋量子数 s 是表征粒子自旋角动量的量子数,

自旋磁量子数 m_s 是表征粒子的自旋角动量在外磁场方向上的投影的量子数。自旋磁量子数 m_s 决定了粒子的自旋角动量在外磁场方向的分量,正负号表示投影方向与磁场方向相同或相反。电子属于费米子,在自旋量子数 $s\equiv 1/2$ 时,自旋磁量子数 m_s 只能是 $1/2$ 或者 $-1/2$。

量子力学中表示 x、y 和 z 方向的自旋角动量算符分别为

$$S_x = \frac{\hbar}{2}\sigma_x = \frac{\hbar}{2}\begin{bmatrix} 0 & 1 \\ 1 & 0 \end{bmatrix} \tag{2.37}$$

$$S_y = \frac{\hbar}{2}\sigma_y = \frac{\hbar}{2}\begin{bmatrix} 0 & -\mathrm{i} \\ \mathrm{i} & 0 \end{bmatrix} \tag{2.38}$$

$$S_z = \frac{\hbar}{2}\sigma_z = \frac{\hbar}{2}\begin{bmatrix} 1 & 0 \\ 0 & -1 \end{bmatrix} \tag{2.39}$$

S_z 的本征态为 $\begin{bmatrix} 1 \\ 0 \end{bmatrix}$ 和 $\begin{bmatrix} 0 \\ 1 \end{bmatrix}$,本征值分别为 $\frac{\hbar}{2}$ 和 $-\frac{\hbar}{2}$,即 z 方向自旋向上和自旋向下。

【例 2.3】 有两量子态 $|e_1\rangle = \frac{1}{\sqrt{2}}\begin{bmatrix} 1 \\ 1 \end{bmatrix}$,$|e_2\rangle = \frac{1}{\sqrt{2}}\begin{bmatrix} 1 \\ -1 \end{bmatrix}$。请给出 $|e_1\rangle$ 和 $|e_2\rangle$ 对应的投影算符,并说明这两个投影算符是正交且完备的。

解:投影算符是

$$P_1 = |e_1\rangle\langle e_1| = \frac{1}{2}\begin{bmatrix} 1 & 1 \\ 1 & 1 \end{bmatrix}, P_2 = |e_2\rangle\langle e_2| = \frac{1}{2}\begin{bmatrix} 1 & -1 \\ -1 & 1 \end{bmatrix} \tag{2.40}$$

满足完备性关系 $\sum_k P_k = \begin{bmatrix} 1 & 0 \\ 0 & 1 \end{bmatrix} = I$,以及正交性条件 $P_1 P_2 = \begin{bmatrix} 0 & 0 \\ 0 & 0 \end{bmatrix}$。

2.5.2 正交基与量子态测量

布洛赫球的 3 个坐标轴对应的正交基对于量子态测量和状态演化等工作都具有积极作用。表 2.1 列出了布洛赫球 3 个坐标轴对应的正交基的基本信息。

表 2.1 布洛赫球坐标轴上的正交基

坐标轴	方　　向	态矢缩写	矩阵表示	量　子　态
X	正向	$\|+\rangle, x_+$ 等	$\frac{1}{\sqrt{2}}\begin{bmatrix} 1 \\ 1 \end{bmatrix}$	$\frac{\|0\rangle+\|1\rangle}{\sqrt{2}}$
	负向	$\|-\rangle, x_-$ 等	$\frac{1}{\sqrt{2}}\begin{bmatrix} 1 \\ -1 \end{bmatrix}$	$\frac{\|0\rangle-\|1\rangle}{\sqrt{2}}$

续表

坐标轴	方　向	态矢缩写	矩阵表示	量　子　态
Y	正向	$\|i\rangle,y_+$ 等	$\dfrac{1}{\sqrt{2}}\begin{bmatrix}1\\i\end{bmatrix}$	$\dfrac{\|0\rangle+i\|1\rangle}{\sqrt{2}}$
	负向	$\|-i\rangle,y_-$ 等	$\dfrac{1}{\sqrt{2}}\begin{bmatrix}1\\-i\end{bmatrix}$	$\dfrac{\|0\rangle-i\|1\rangle}{\sqrt{2}}$
Z	正向	$\|0\rangle,z_+$ 等	$\begin{bmatrix}1\\0\end{bmatrix}$	$\|0\rangle$
	负向	$\|1\rangle,z_-$ 等	$\begin{bmatrix}0\\1\end{bmatrix}$	$\|1\rangle$

　　最常用的投影测量方式就是在计算基上测量一个量子比特,其对应的厄米算符是泡利算符 $\sigma_z\equiv\begin{bmatrix}1&0\\0&-1\end{bmatrix}$,测量结果只能是本征值为 $+1$ 的本征态 $|0\rangle$ 或本征值为 -1 的本征态 $|1\rangle$,相应地测量后的量子态坍缩到 $|0\rangle$ 或 $|1\rangle$,其概率分别是:

$$p_0=|\langle 0|\psi\rangle|^2=\cos^2\frac{\theta}{2},\quad p_1=|\langle 1|\psi\rangle|^2=\sin^2\frac{\theta}{2} \tag{2.41}$$

【例 2.4】　量子态 $|\phi\rangle=\sqrt{\dfrac{2}{3}}\,|0\rangle+\dfrac{1}{\sqrt{3}}\,|1\rangle$ 在计算基态 $|0\rangle$ 和 $|1\rangle$ 投影测量的概率值分别为 $\dfrac{2}{3}$ 和 $\dfrac{1}{3}$。假设仅有针对基 $\{|+\rangle,|-\rangle\}$ 投影测量,请问其测量的概率值是多少?

　　方法一:基变换

　　解:由于 $|0\rangle=\dfrac{1}{\sqrt{2}}|+\rangle+\dfrac{1}{\sqrt{2}}|-\rangle$,$|1\rangle=\dfrac{1}{\sqrt{2}}|+\rangle-\dfrac{1}{\sqrt{2}}|-\rangle$,因此

$$
\begin{aligned}
|\phi\rangle &=\sqrt{\frac{2}{3}}\,|0\rangle+\frac{1}{\sqrt{3}}\,|1\rangle \\
&=\sqrt{\frac{2}{3}}\left(\frac{1}{\sqrt{2}}|+\rangle+\frac{1}{\sqrt{2}}|-\rangle\right)+\frac{1}{\sqrt{3}}\left(\frac{1}{\sqrt{2}}|+\rangle-\frac{1}{\sqrt{2}}|-\rangle\right) \\
&=\left(\sqrt{\frac{2}{6}}+\frac{1}{\sqrt{6}}\right)|+\rangle+\left(\sqrt{\frac{2}{6}}-\frac{1}{\sqrt{6}}\right)|-\rangle
\end{aligned}
\tag{2.42}
$$

　　针对基 $\{|+\rangle,|-\rangle\}$ 投影测量得到的概率值分别约为 0.97 和 0.03。

$$\left(\sqrt{\frac{2}{6}}+\frac{1}{\sqrt{6}}\right)^2 \approx 0.97, \left(\sqrt{\frac{2}{6}}-\frac{1}{\sqrt{6}}\right)^2 \approx 0.03 \tag{2.43}$$

方法二：求内积平方

解：$p_+ = |\langle + | \phi \rangle|^2$

$$= \left| \left(\frac{1}{\sqrt{2}}\langle 0| + \frac{1}{\sqrt{2}}\langle 1|\right)\left(\sqrt{\frac{2}{3}}|0\rangle + \frac{1}{\sqrt{3}}|1\rangle\right) \right|^2$$

$$= \left| \frac{1}{\sqrt{2}} \times \sqrt{\frac{2}{3}}\langle 0|0\rangle + \frac{1}{\sqrt{2}} \times \frac{1}{\sqrt{3}}\langle 0|1\rangle + \frac{1}{\sqrt{2}} \times \sqrt{\frac{2}{3}}\langle 1|0\rangle + \right.$$

$$\left. \frac{1}{\sqrt{2}} \times \frac{1}{\sqrt{3}}\langle 1|1\rangle \right|^2$$

$$= \left| \frac{1}{\sqrt{2}} \times \sqrt{\frac{2}{3}} \times 1 + \frac{1}{\sqrt{2}} \times \frac{1}{\sqrt{3}} \times 0 + \frac{1}{\sqrt{2}} \times \sqrt{\frac{2}{3}} \times 0 + \frac{1}{\sqrt{2}} \times \frac{1}{\sqrt{3}} \times 1 \right|^2$$

$$= \left| \frac{1}{\sqrt{2}} \times \sqrt{\frac{2}{3}} + \frac{1}{\sqrt{2}} \times \frac{1}{\sqrt{3}} \right|^2$$

$$\approx 0.97 \tag{2.44}$$

同理，可求得 $p_- = |\langle - | \phi \rangle|^2 \approx 0.03$。

2.5.3 计算基下测量的完备性

1. 测量算符的完备性方程

假设量子测量是由测量算符（measurement operator）的集合 $\{M_i\}$ 描述的，这些算符可以作用在待测量系统的状态空间（state space）上。指标（index）i 表示在实验中可能发生的结果。如果测量前的量子系统处在最新状态 $|\psi\rangle$，那么结果 i 发生的概率为

$$p(i) = \langle \psi | M_i^\dagger M_i | \psi \rangle \tag{2.45}$$

并且测量后的系统状态将变为

$$\frac{M_i |\psi\rangle}{\sqrt{\langle \psi | M_i^\dagger M_i | \psi \rangle}}$$

由于所有可能情况的概率和为 1，即

$$\sum_i p(i) = \sum_i \langle \psi | M_i^\dagger M_i | \psi \rangle = 1 \tag{2.46}$$

因此，测量算符需满足

$$\sum_i M_i^\dagger M_i = I \tag{2.47}$$

该方程被称为完备性方程(completeness equation)。

【例 2.5】　请给出针对基 $\{|+\rangle, |-\rangle\}$ 的测量算符,并给出量子态 $|\psi\rangle = \sqrt{\dfrac{2}{3}}|0\rangle + \dfrac{1}{\sqrt{3}}|1\rangle$ 在各测量算符上的测量概率和测量后的状态。

解:基 $\{|+\rangle, |-\rangle\}$ 上的测量算符分别为

$$M_+ = |+\rangle\langle+| = \frac{1}{2}\begin{bmatrix} 1 & 1 \\ 1 & 1 \end{bmatrix} \tag{2.48}$$

$$M_- = |-\rangle\langle-| = \frac{1}{2}\begin{bmatrix} 1 & -1 \\ -1 & 1 \end{bmatrix} \tag{2.49}$$

测量算符 M_+ 对应的测量概率为

$$p(+) = \langle\psi|M_+^\dagger M_+|\psi\rangle = \langle\psi|M_+|\psi\rangle$$

$$= \frac{1}{2}\begin{bmatrix} \sqrt{\dfrac{2}{3}} & \dfrac{1}{\sqrt{3}} \end{bmatrix}\begin{bmatrix} 1 & 1 \\ 1 & 1 \end{bmatrix}\begin{bmatrix} \sqrt{\dfrac{2}{3}} & \dfrac{1}{\sqrt{3}} \end{bmatrix}^{\mathrm{T}}$$

$$= \frac{1}{2}\begin{bmatrix} \sqrt{\dfrac{2}{3}} + \dfrac{1}{\sqrt{3}} & \sqrt{\dfrac{2}{3}} + \dfrac{1}{\sqrt{3}} \end{bmatrix}\begin{bmatrix} \sqrt{\dfrac{2}{3}} & \dfrac{1}{\sqrt{3}} \end{bmatrix}^{\mathrm{T}}$$

$$= \frac{1}{2}\left(\sqrt{\dfrac{2}{3}} + \dfrac{1}{\sqrt{3}}\right)^2 \approx 0.97 \tag{2.50}$$

基于测量算符 M_+,测量后的末态 $|\psi_1\rangle$ 为

$$|\psi_1\rangle = \frac{M_+|\psi\rangle}{\sqrt{\langle\psi|M_+^\dagger M_+|\psi\rangle}} = \frac{\dfrac{1}{2}\begin{bmatrix} 1 & 1 \\ 1 & 1 \end{bmatrix}\begin{bmatrix} \sqrt{\dfrac{2}{3}} & \dfrac{1}{\sqrt{3}} \end{bmatrix}^{\mathrm{T}}}{\sqrt{\dfrac{1}{2}\left(\sqrt{\dfrac{2}{3}} + \dfrac{1}{\sqrt{3}}\right)^2}}$$

$$= \frac{\dfrac{1}{2}\begin{bmatrix} \sqrt{\dfrac{2}{3}} + \dfrac{1}{\sqrt{3}} & \sqrt{\dfrac{2}{3}} + \dfrac{1}{\sqrt{3}} \end{bmatrix}^{\mathrm{T}}}{\sqrt{\dfrac{1}{2}\left(\sqrt{\dfrac{2}{3}} + \dfrac{1}{\sqrt{3}}\right)^2}}$$

$$= \frac{1}{\sqrt{2}}\begin{bmatrix} 1 \\ 1 \end{bmatrix} \tag{2.51}$$

测量算符 M_- 对应的测量概率为

$$p(-)=\langle\psi|M_-^\dagger M_-|\psi\rangle=\langle\psi|M_-|\psi\rangle$$

$$=\frac{1}{2}\left[\sqrt{\frac{2}{3}}\quad\frac{1}{\sqrt{3}}\right]\left[\begin{matrix}1&-1\\-1&1\end{matrix}\right]\left[\sqrt{\frac{2}{3}}\quad\frac{1}{\sqrt{3}}\right]^{\mathrm{T}}$$

$$=\frac{1}{2}\left[\sqrt{\frac{2}{3}}-\frac{1}{\sqrt{3}}\quad-\sqrt{\frac{2}{3}}+\frac{1}{\sqrt{3}}\right]\left[\sqrt{\frac{2}{3}}\quad\frac{1}{\sqrt{3}}\right]^{\mathrm{T}}$$

$$=\frac{1}{2}\left(\sqrt{\frac{2}{3}}-\frac{1}{\sqrt{3}}\right)^2$$

$$\approx0.03 \tag{2.52}$$

基于测量算符 M_-,测量后的末态 $|\psi_2\rangle$ 为

$$|\psi_2\rangle=\frac{M_-|\psi\rangle}{\sqrt{\langle\psi|M_-^\dagger M_-|\psi\rangle}}=\frac{\frac{1}{2}\left[\begin{matrix}1&-1\\-1&1\end{matrix}\right]\left[\sqrt{\frac{2}{3}}\quad\frac{1}{\sqrt{3}}\right]^{\mathrm{T}}}{\sqrt{\frac{1}{2}\left(\sqrt{\frac{2}{3}}-\frac{1}{\sqrt{3}}\right)^2}}$$

$$=\frac{\frac{1}{2}\left[\sqrt{\frac{2}{3}}-\frac{1}{\sqrt{3}}\quad-\sqrt{\frac{2}{3}}+\frac{1}{\sqrt{3}}\right]^{\mathrm{T}}}{\sqrt{\frac{1}{2}\left(\sqrt{\frac{2}{3}}-\frac{1}{\sqrt{3}}\right)^2}}$$

$$=\frac{1}{\sqrt{2}}\left[\begin{matrix}1\\-1\end{matrix}\right] \tag{2.53}$$

M_+ 与 M_- 满足完备性方程:

$$M_+^\dagger M_++M_-^\dagger M_-=\frac{1}{2}\left[\begin{matrix}1&1\\1&1\end{matrix}\right]\frac{1}{2}\left[\begin{matrix}1&1\\1&1\end{matrix}\right]+\frac{1}{2}\left[\begin{matrix}1&-1\\-1&1\end{matrix}\right]\frac{1}{2}\left[\begin{matrix}1&-1\\-1&1\end{matrix}\right]$$

$$=\frac{1}{4}\left[\begin{matrix}2&2\\2&2\end{matrix}\right]+\frac{1}{4}\left[\begin{matrix}2&-2\\-2&2\end{matrix}\right]=I \tag{2.54}$$

2. 单量子比特测量及完备性

单量子比特在计算基下有两个测量算符,分别是 $M_0=|0\rangle\langle0|$ 和 $M_1=|1\rangle\langle1|$。这两个测量算符都是厄米的,即

$$M_0^\dagger=M_0,M_1^\dagger=M_1 \ \text{且} \ M_0^2=M_0,M_1^2=M_1 \tag{2.55}$$

因此

$$M_0^\dagger M_0+M_1^\dagger M_1=M_0+M_1=I \tag{2.56}$$

该测量算符集满足完备性方程。

假设系统的状态是 $|\psi\rangle = \alpha|0\rangle + \beta|1\rangle$，则测量结果为 $|0\rangle$ 的概率为

$$p(0) = \langle\psi|M_0^\dagger M_0|\psi\rangle = \langle\psi|M_0|\psi\rangle = |\alpha|^2 \tag{2.57}$$

对应测量后的状态为

$$\frac{M_0|\psi\rangle}{\sqrt{\langle\psi|M_0^\dagger M_0|\psi\rangle}} = \frac{M_0|\psi\rangle}{|\alpha|} = \frac{\alpha}{|\alpha|}|0\rangle \tag{2.58}$$

测量结果为 $|1\rangle$ 的概率为

$$p(1) = \langle\psi|M_1^\dagger M_1|\psi\rangle = \langle\psi|M_1|\psi\rangle = |\beta|^2 \tag{2.59}$$

对应测量后的状态为

$$\frac{M_1|\psi\rangle}{\sqrt{\langle\psi|M_1^\dagger M_1|\psi\rangle}} = \frac{M_1|\psi\rangle}{|\beta|} = \frac{\beta}{|\beta|}|1\rangle \tag{2.60}$$

2.6 纯态、混态及其密度矩阵

1. 纯态、混态与最大混态

布洛赫球是布洛赫球面的扩充。纯态对应于布洛赫球面上的点，混态出现在球内（距离球心<1 的点），且球心点对应最大混态。

态矢是对纯态的描述，对于单量子比特而言，其可视为连接球心和球面上对应的点形成的一个矢量。纯态对应的布洛赫球面上的点的 z 坐标衡量了它处于 $|0\rangle$ 和 $|1\rangle$ 的概率，即

$$p(0) = \frac{1+z}{2}$$

$$p(1) = \frac{1-z}{2} \tag{2.61}$$

混态实际上是多个纯态的经典统计概率的混合，它往往失去了部分或全部的相位信息。根据概率列表，对所有纯态矢量进行加权平均，即可得到混态的矢量，便得到了混态对应的布洛赫球中点的位置。混态根据混合程度的不同，矢量的长度也不同。最大混态是球心，不存在任何量子叠加性。

一个混态可以用态集合和概率的列表形式描述，但这种形式不太方便，因此通常采用密度矩阵描述混态。

布洛赫球 X 轴正向上的顶点 $|\psi_1\rangle$ 和 X 轴负向上的顶点 $|\psi_2\rangle$ 的直角坐标分别为 $(1,0,0)$ 和 $(-1,0,0)$，对应的 Z 轴坐标都为 0。由式(2.61)可得两量

子态取 $|0\rangle$ 的概率分别为 $p_{\psi_1}(0)=p_{\psi_2}(0)=0.5$。该两点对应的辐角分别是 0 和 π，由此推断出量子态分别为 $|\psi_1\rangle=1/\sqrt{2}(|0\rangle+|1\rangle)$ 和 $|\psi_2\rangle=1/\sqrt{2}(|0\rangle-|1\rangle)$。如果将两个态以 $(1/2,1/2)$ 的概率混合，则在布洛赫球上的坐标将表示为 $(0,0,0)$，也就是球心（处于最大混态）。

2. 密度矩阵

对于一个纯态，密度矩阵的形式是
$$\rho=|\psi\rangle\langle\psi| \tag{2.62}$$
对于一个混态，密度矩阵的形式是
$$\rho=\sum_i p_i|\psi_i\rangle\langle\psi_i| \tag{2.63}$$
其中，$\{p_i,|\psi_i\rangle\}$ 是系统所处的态及其概率。

密度矩阵有以下性质：

（1）密度矩阵是厄米矩阵
$$\rho=\rho^\dagger \tag{2.64}$$

（2）密度矩阵的迹为 1
$$\mathrm{Tr}(\rho)=1 \tag{2.65}$$

（3）对于一个纯态
$$\rho=\rho^2 \tag{2.66}$$
$$\mathrm{Tr}(\rho^2)=1 \tag{2.67}$$

（4）对于一个混态或纠缠态
$$\rho\neq\rho^2 \tag{2.68}$$
$$\mathrm{Tr}(\rho^2)<1 \tag{2.69}$$

（5）$0\leqslant\rho_{ii}\leqslant1$。对角元 ρ_{ii} 的意义是整个系统经历一次测量可以得到 $|i\rangle$ 的概率。

【例 2.6】 给出 $|\psi_1\rangle=\dfrac{1}{\sqrt{2}}(|0\rangle+|1\rangle)$ 的密度矩阵。

解：
$$\rho=|\psi\rangle\langle\psi|=\begin{bmatrix}\frac{1}{\sqrt{2}}&\frac{1}{\sqrt{2}}\end{bmatrix}^{\mathrm{T}}\begin{bmatrix}\frac{1}{\sqrt{2}}&\frac{1}{\sqrt{2}}\end{bmatrix}=\begin{bmatrix}0.5&0.5\\0.5&0.5\end{bmatrix} \tag{2.70}$$

【例 2.7】 $|\psi_1\rangle=\dfrac{1}{\sqrt{2}}(|0\rangle+|1\rangle)$ 和 $|\psi_2\rangle=\dfrac{1}{\sqrt{2}}(|0\rangle-|1\rangle)$ 以 $(1/2,1/2)$ 的概率混合得到最大混态，请给出其相应的密度矩阵。

解：

$$\rho = \frac{1}{2}|\psi_1\rangle\langle\psi_1| + \frac{1}{2}|\psi_2\rangle\langle\psi_2| = \begin{bmatrix} 0.5 & 0 \\ 0 & 0.5 \end{bmatrix} \tag{2.71}$$

【例 2.8】　请用布洛赫球的 3 个坐标轴上的基向量验证：两个彼此正交的纯态以 1 : 1 的比例构成最大混态。

证：球心点代表的最大混态用密度矩阵形式及狄拉克标记表示为

$$\frac{1}{2}I = \frac{1}{2}\begin{bmatrix} 1 & 0 \\ 0 & 1 \end{bmatrix}$$

$$= \frac{1}{2}\begin{bmatrix} 1 & 0 \\ 0 & 0 \end{bmatrix} + \frac{1}{2}\begin{bmatrix} 0 & 0 \\ 0 & 1 \end{bmatrix} = \frac{1}{2}|0\rangle\langle0| + \frac{1}{2}|1\rangle\langle1| = \frac{1}{2}\rho_{z_+} + \frac{1}{2}\rho_{z_-}$$

$$= \frac{1}{2}\begin{bmatrix} \dfrac{1}{2} & -\dfrac{i}{2} \\ \dfrac{i}{2} & \dfrac{1}{2} \end{bmatrix} + \frac{1}{2}\begin{bmatrix} \dfrac{1}{2} & \dfrac{i}{2} \\ -\dfrac{i}{2} & \dfrac{1}{2} \end{bmatrix} = \frac{1}{2}\rho_{y_+} + \frac{1}{2}\rho_{y_-} \tag{2.72}$$

可见，x_+ 和 x_-、y_+ 和 y_-、z_+ 和 z_- 分别以 1 : 1 的比例混合构成最大混态。x_+ 和 x_- 已在例 2.7 中验证。

【例 2.9】　给出 $|\psi_{AB}\rangle = \dfrac{1}{\sqrt{2}}(|01\rangle + |10\rangle)$ 的密度矩阵。

解：$\rho_{AB} = |\psi_{AB}\rangle\langle\psi_{AB}| = \begin{bmatrix} 0 & \dfrac{1}{\sqrt{2}} & \dfrac{1}{\sqrt{2}} & 0 \end{bmatrix}^{\mathrm{T}} \begin{bmatrix} 0 & \dfrac{1}{\sqrt{2}} & \dfrac{1}{\sqrt{2}} & 0 \end{bmatrix}$

$$= \begin{bmatrix} 0 & 0 & 0 & 0 \\ 0 & 0.5 & 0.5 & 0 \\ 0 & 0.5 & 0.5 & 0 \\ 0 & 0 & 0 & 0 \end{bmatrix} \tag{2.73}$$

2.7　量子门与量子态变迁

2.7.1　酉变换与酉算符

酉算符即幺正算符，满足

$$UU^{\dagger} = I \tag{2.74}$$

其中，$U^{\dagger}$ 表示 U 的共轭转置。从上式可知，$U^{\dagger}$ 也是 U 的逆。酉变换是可逆变换。

在量子计算中，各种形式的酉算符被称作量子门。由于任一量子门都是

一个可逆的酉算子 U,所以其具有以下 3 个等价特性:

$$UU^{\dagger} = U^{\dagger}U = I \qquad (2.75)$$

$$U^{\dagger} = U^{-1} \qquad (2.76)$$

$$\| U|\psi\rangle \| = \| |\psi\rangle \| \qquad (2.77)$$

式(2.75)和(2.76)说明了对于任何一个酉算符 U,都可以找到一个与其对应的逆算符 U^{-1},该逆算符就是 $U^{\dagger}$。

式(2.77)说明了酉算符作用前后,量子态对应向量的模保持不变。对于单个量子比特,初态是纯态,经相应的酉变换后仍是纯态,而不会让其劣化成混态。

Pauli 矩阵就是一组酉算符,对应的门称为 Pauli 门(详见 3.1 节)。

【例 2.10】 证明 X 门作用在量子态 $|0\rangle$ 后得到 $|1\rangle$,作用在量子态 $|1\rangle$ 后得到 $|0\rangle$。

证:

$$X|0\rangle = \begin{bmatrix} 0 & 1 \\ 1 & 0 \end{bmatrix} \begin{bmatrix} 1 \\ 0 \end{bmatrix} = \begin{bmatrix} 0 \\ 1 \end{bmatrix} = |1\rangle$$

$$X|1\rangle = \begin{bmatrix} 0 & 1 \\ 1 & 0 \end{bmatrix} \begin{bmatrix} 0 \\ 1 \end{bmatrix} = \begin{bmatrix} 1 \\ 0 \end{bmatrix} = |0\rangle \qquad (2.78)$$

【例 2.11】 证明 X 门作用在任意的量子态 $|\psi\rangle = \alpha|0\rangle + \beta|1\rangle$ 上将得到 $|\psi\rangle = \beta|0\rangle + \alpha|1\rangle$。

证:

$$X|\psi\rangle = \begin{bmatrix} 0 & 1 \\ 1 & 0 \end{bmatrix} \begin{bmatrix} \alpha \\ \beta \end{bmatrix} = \begin{bmatrix} \beta \\ \alpha \end{bmatrix} \qquad (2.79)$$

可见,X 门和经典逻辑门中的非门类似,有时也常称 X 门为量子非门(quantum NOT gate)。

2.7.2　单量子比特的状态演化可视化

量子算符 U 与其作用前的态 $|\psi_1\rangle$ 和作用后的态 $|\psi_2\rangle$ 满足

$$|\psi_2\rangle = U|\psi_1\rangle \qquad (2.80)$$

对于单量子比特,$|\psi_1\rangle$ 和 $|\psi_2\rangle$ 实际上是布洛赫球心指向球面上对应的点的态矢。因此,基于布洛赫球表示将 $|\psi_1\rangle$ 和 $|\psi_2\rangle$ 表示出来,可以直观地看到量子算符作用于单量子比特上的状态演化过程。下面通过一个例子展示该过程,量子态可视化的编程实现详见 6.5 节。

【例 2.12】 一个量子态的初态为 $|0\rangle$，依次绕 x,z 和 y 轴逆时针旋转 $\pi/2$，请给出各步对应的量子态的球极坐标、直角坐标及其布洛赫球表示。

解：本例实际上是对初态 $|\psi_0\rangle = |0\rangle$ 连续做单比特门操作 $\mathrm{RX}(\pi/2)$、$\mathrm{RZ}(\pi/2)$ 和 $\mathrm{RY}(\pi/2)$（详见第 3 章），其状态演化可用下列式子表示：

$$|\psi_0\rangle = |0\rangle \tag{2.81}$$

$$|\psi_1\rangle = \mathrm{RX}\left(\frac{\pi}{2}\right)|\psi_0\rangle = \frac{|0\rangle - \mathrm{i}\,|1\rangle}{\sqrt{2}} \tag{2.82}$$

$$|\psi_2\rangle = \mathrm{RZ}\left(\frac{\pi}{2}\right)|\psi_1\rangle = \frac{|0\rangle + |1\rangle}{\sqrt{2}} \tag{2.83}$$

$$|\psi_3\rangle = \mathrm{RY}\left(\frac{\pi}{2}\right)|\psi_2\rangle = |1\rangle \tag{2.84}$$

表 2.2 给出了以上状态演化过程中各状态的对应信息。

表 2.2 状态演化示例

次序	球极坐标	直角坐标	量子态	说　　明
$|\psi_0\rangle$	$(1,0,0)$	$(0,0,1)$	$|0\rangle$	图 2.3(a)：北极点上的 ϕ 没有意义，取 0
$|\psi_1\rangle$	$\left(1,\dfrac{\pi}{2},\dfrac{3\pi}{2}\right)$	$(0,-1,0)$	$\dfrac{|0\rangle - \mathrm{i}\,|1\rangle}{\sqrt{2}}$	图 2.3(b)：$\mathrm{RX}\left(\dfrac{\pi}{2}\right)$门操作后，位于 y 轴负向（对应 $|-\mathrm{i}\rangle$）
$|\psi_2\rangle$	$\left(1,\dfrac{\pi}{2},0\right)$	$(1,0,0)$	$\dfrac{|0\rangle + |1\rangle}{\sqrt{2}}$	图 2.3(c)：$\mathrm{RZ}\left(\dfrac{\pi}{2}\right)$门操作后，位于 x 轴正向（对应 $|+\rangle$）
$|\psi_3\rangle$	$(1,\pi,0)$	$(0,0,-1)$	$|1\rangle$	图 2.3(d)：$\mathrm{RY}\left(\dfrac{\pi}{2}\right)$门操作后，位于 z 轴负向

图 2.3 示意了各状态对应的布洛赫球表示。

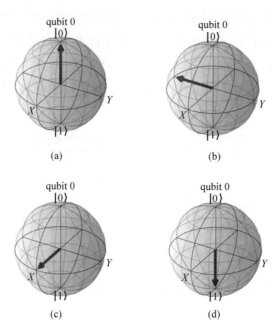

图 2.3   单量子比特的状态演化可视化

小　结

本章通过布洛赫球表示深入阐述了量子比特的数学描述，旨在帮助读者更深入地理解量子比特的全局相位、相对相位、纯态、混态、最大混态、密度矩阵、酉变换等概念。布洛赫球的 3 个坐标轴上对应的正交基向量对于量子态测量和演化等都是非常重要的。在计算基上测量一个量子比特是最常用的测量方式，其对应的厄米算符是本征态为 $|0\rangle$ 和 $|1\rangle$ 的泡利算符 σ_z。布洛赫球可直观、可视化地展现单量子比特的状态演化过程。本章最后引入了酉算符和酉变换的概念，并通过布洛赫球表示将单量子比特的状态演化可视化地展现出来，以帮助初学者更直观地理解量子门的功能和作用。

本章的诸多概念对于初学量子程序设计的读者来说是必须掌握的。全局相位不变性和相对相位的实际含义、半角的意义与作用、基向量线性无关性及基变换、密度矩阵、酉变换等知识点是本章的核心。

习　题

1. 解释全局相位和相对相位的概念。参照布洛赫球表示的推导,给出
$$|\psi\rangle = \alpha|0\rangle + \beta|1\rangle, \alpha, \beta \in \mathbb{C}, |\alpha|^2 + |\beta|^2 = 1$$
对应的全局相位和相对相位的计算式子和含义。

2. 解释全局相位不变性的具体含义,并用数学式子说明全局相位不会影响基态的测量概率值。

3. 阐述布洛赫球中半角处理的作用与意义。

4. 给出布洛赫球的 3 个坐标轴上对应的 3 组正交基向量的缩写名称、球极坐标和对应的直角坐标,并分别验证 3 组基向量的线性无关性。

5. 解释在投影测量时投影算符的作用。

6. 结合布洛赫球表示解释纯态、混态与最大混态的概念,并举例说明。

7. 证明布洛赫球 X 轴与球面的交点是 σ_x 的本征态,本征值为 ± 1。

8. 证明矢量 n 所在的直线与球面的交点是 σ_n 的本征态,本征值为 ± 1。

9. 计算下列量子态的密度矩阵。

(1) $|\psi_1\rangle = \dfrac{1}{\sqrt{2}}(|0\rangle - \mathrm{i}|1\rangle)$

(2) $|\psi_2\rangle = \dfrac{1}{2}(|00\rangle + |01\rangle + |10\rangle + |11\rangle)$

(3) $|\psi_3\rangle = \dfrac{1}{\sqrt{2}}(|00\rangle + |11\rangle)$

10. 考虑以下酉矩阵,也称 Pauli 矩阵
$$X = \begin{bmatrix} 0 & 1 \\ 1 & 0 \end{bmatrix} \quad Y = \begin{bmatrix} 0 & -\mathrm{i} \\ \mathrm{i} & 0 \end{bmatrix} \quad Z = \begin{bmatrix} 1 & 0 \\ 0 & -\mathrm{i} \end{bmatrix}$$
写出每个 Pauli 矩阵对状态 $|0\rangle$、$|1\rangle$、$|-\rangle$、$|+\rangle$ 的作用结果(计算 $X|0\rangle, X|1\rangle, X|-\rangle, \cdots, Z|-\rangle, Z|+\rangle$)。

11. 两个量子态 $|\psi_1\rangle$ 和 $|\psi_2\rangle$ 的保真度被定义为 $F \equiv |\langle \psi_1|\psi_2\rangle|^2$,它是两个量子态之间的距离的一种度量:$0 \leqslant F \leqslant 1$。当 $|\psi_1\rangle$ 与 $|\psi_2\rangle$ 相等时,$F = 1$;当 $|\psi_1\rangle$ 与 $|\psi_2\rangle$ 正交时,$F = 0$。证明:$F = \cos^2\dfrac{\alpha}{2}$,其中,$\alpha$ 是对应于量子态 $|\psi_1\rangle$ 和 $|\psi_2\rangle$ 的布洛赫球上的两个矢量之间的夹角。

单量子比特门

本章核心知识点：

☐ 单量子比特门 OpenQASM 语句

☐ Pauli 门

☐ Hadamard 门

☐ 相位门：S 门、T 门、$S^{\dagger}$ 门、$T^{\dagger}$ 门和 P 门

☐ 旋转门：RX 门、RY 门和 RZ 门

☐ 任意轴旋转门 $R_{\hat{n}}(\theta)$

3.1 单量子比特门 OpenQASM 语句

量子门是量子线路的基础。量子门在数学上可以表示为酉矩阵。酉矩阵从数学上保证了所有量子门都是可逆的。量子门的输入和输出要求有相同数量的量子比特，因此酉矩阵肯定是方阵。一个作用在 n 量子比特的量子门可以写成一个 $2^n \times 2^n$ 的酉矩阵。

表 3.1 给出了常用单量子比特门的 OpenQASM 语句格式及其功能简要说明。OpenQASM(Open Quantum Assembly language)是一种用于描述量子线路的量子汇编语言，作为高级编译器与量子硬件通信的中间表示，它被众多量子程序开发平台或模拟器支持。表 3.1 中的线路符号采用 Quantum Composer 中的标准图标。

本书推荐的量子程序开发平台为 IBM 公司的量子计算云平台集成的 Quantum Composer(量子线路开发工具)与 Quantum Lab(基于高级语言的 Qiskit 量子程序开发工具)。当前的 Quantum Composer 支持量子汇编语言 OpenQASM 2.0。

本章将介绍表 3.1 中的单量子比特门。

表 3.1　单量子比特门的 OpenQASM 基本语句

线路符号	名　称	语句格式	说　明
⊕	Pauli-X	x q[i];	X 门(非门),沿 x 轴轴对称翻转
Y	Pauli-Y	y q[i];	Y 门,沿 y 轴轴对称翻转
Z	Pauli-Z	z q[i];	Z 门,沿 z 轴轴对称翻转
H	H	h q[i];	Hadamard 门
S	S	s q[i];	相位门,绕 z 轴逆时针旋转 $\pi/2$
T	T	t q[i];	相位门,绕 z 轴逆时针旋转 $\pi/4$
S†	S†	sdg q[i];	相位门,绕 z 轴顺时针旋转 $\pi/2$
T†	T†	tdg q[i];	相位门,绕 z 轴顺时针旋转 $\pi/4$
P	P	p(λ) q[i];	相位门,作用一个相位 $e^{i\lambda}$ 到基态 $\vert 1\rangle$,$\lambda\in[0,\pi]$
RX	RX	rx(θ) q[i];	绕 x 轴逆时针旋转 θ 角度
RY	RY	ry(θ) q[i];	绕 y 轴逆时针旋转 θ 角度
RZ	RZ	rz(θ) q[i];	绕 z 轴逆时针旋转 θ 角度

3.2　Pauli 门

Pauli 矩阵作为一组酉矩阵,其对应的量子门是非常重要的基础单量子比特门。

3.2.1　Pauli-X 门

Pauli-X 门的矩阵形式为

$$\sigma_1\equiv\sigma_x\equiv X\equiv\begin{bmatrix}0&1\\1&0\end{bmatrix} \tag{3.1}$$

Pauli-X 门简称 X 门,作用效果为绕布洛赫球 x 轴旋转角度 π,实现该量子比特的两个基向量的振幅的交换,也可理解为沿 x 轴做轴对称翻转。

对于任意的量子态 $\vert\psi\rangle=\alpha\vert 0\rangle+\beta\vert 1\rangle$,$\alpha,\beta\in\mathbb{C}$,有

$$X|\psi\rangle = \begin{bmatrix} 0 & 1 \\ 1 & 0 \end{bmatrix} \begin{bmatrix} \alpha \\ \beta \end{bmatrix} = \begin{bmatrix} \beta \\ \alpha \end{bmatrix} \tag{3.2}$$

X 门的行为类似于经典电路中的"非门",有如下性质:

$$X|0\rangle = |1\rangle, X|1\rangle = |0\rangle, X|+\rangle = |+\rangle, X|-\rangle = -|-\rangle \tag{3.3}$$

X 门的线路符号如图 3.1 所示。

【例 3.1】 证明 $X|+\rangle = |+\rangle, X|-\rangle = -|-\rangle$。

证:

$$X|+\rangle = \begin{bmatrix} 0 & 1 \\ 1 & 0 \end{bmatrix} \begin{bmatrix} \dfrac{1}{\sqrt{2}} & \dfrac{1}{\sqrt{2}} \end{bmatrix}^{\mathrm{T}} = \begin{bmatrix} \dfrac{1}{\sqrt{2}} & \dfrac{1}{\sqrt{2}} \end{bmatrix}^{\mathrm{T}} = |+\rangle$$

$$X|-\rangle = \begin{bmatrix} 0 & 1 \\ 1 & 0 \end{bmatrix} \begin{bmatrix} \dfrac{1}{\sqrt{2}} & -\dfrac{1}{\sqrt{2}} \end{bmatrix}^{\mathrm{T}} = \begin{bmatrix} -\dfrac{1}{\sqrt{2}} & \dfrac{1}{\sqrt{2}} \end{bmatrix}^{\mathrm{T}} = -|-\rangle \tag{3.4}$$

3.2.2 Pauli-Y 门

Pauli-Y 门的矩阵形式为

$$\sigma_2 \equiv \sigma_y \equiv Y \equiv \begin{bmatrix} 0 & -\mathrm{i} \\ \mathrm{i} & 0 \end{bmatrix} \tag{3.5}$$

Pauli-Y 门简称 Y 门,作用效果为绕布洛赫球 y 轴旋转角度 π,也可理解为沿 y 轴做轴对称翻转。

对于任意量子态 $|\psi\rangle = \alpha|0\rangle + \beta|1\rangle, \alpha, \beta \in \mathbb{C}$,有

$$Y|\psi\rangle = \begin{bmatrix} 0 & -\mathrm{i} \\ \mathrm{i} & 0 \end{bmatrix} \begin{bmatrix} \alpha \\ \beta \end{bmatrix} = \begin{bmatrix} -\mathrm{i}\beta \\ \mathrm{i}\alpha \end{bmatrix} = \mathrm{e}^{\mathrm{i}3\pi/2}\beta|0\rangle + \mathrm{e}^{\mathrm{i}\pi/2}\alpha|1\rangle \tag{3.6}$$

Y 门的线路符号如图 3.2 所示。

图 3.1 X 门

图 3.2 Y 门

【例 3.2】 求 Y 门对 $|\psi\rangle = \dfrac{1}{\sqrt{2}}|0\rangle + \dfrac{1}{\sqrt{2}}|1\rangle$ 作用后的末态。

解:

$$Y|\psi\rangle = \begin{bmatrix} 0 & -\mathrm{i} \\ \mathrm{i} & 0 \end{bmatrix} \begin{bmatrix} \dfrac{1}{\sqrt{2}} \\ \dfrac{1}{\sqrt{2}} \end{bmatrix} = \begin{bmatrix} -\dfrac{\mathrm{i}}{\sqrt{2}} \\ \dfrac{\mathrm{i}}{\sqrt{2}} \end{bmatrix} = \mathrm{e}^{\mathrm{i}3\pi/2}\dfrac{1}{\sqrt{2}}|0\rangle + \mathrm{e}^{\mathrm{i}\pi/2}\dfrac{1}{\sqrt{2}}|1\rangle \tag{3.7}$$

3.2.3 Pauli-Z 门

Pauli-Z 门的矩阵形式为

$$\sigma_3 \equiv \sigma_z \equiv Z \equiv \begin{bmatrix} 1 & 0 \\ 0 & -1 \end{bmatrix} \tag{3.8}$$

Pauli-Z 门的作用效果是绕布洛赫球 z 轴旋转角度 π,简称 Z 门。对于任意量子态 $|\psi\rangle = \alpha|0\rangle + \beta|1\rangle, \alpha, \beta \in \mathbb{C}$,有

$$Z|\psi\rangle = \begin{bmatrix} 1 & 0 \\ 0 & -1 \end{bmatrix} \begin{bmatrix} \alpha \\ \beta \end{bmatrix} = \begin{bmatrix} \alpha \\ -\beta \end{bmatrix} = \alpha|0\rangle + \mathrm{e}^{\mathrm{i}\pi}\beta|1\rangle \tag{3.9}$$

Z 门具有以下性质:

$$Z|0\rangle = |0\rangle, Z|1\rangle = -|1\rangle, Z|+\rangle = |-\rangle, Z|-\rangle = |+\rangle \tag{3.10}$$

Z 门的线路符号如图 3.3 所示。

$$\boxed{Z}$$

图 3.3 Z 门

【例 3.3】 求 Z 门对 $|\psi\rangle = \dfrac{1}{\sqrt{2}}|0\rangle + \dfrac{1}{\sqrt{2}}|1\rangle$ 作用后的末态。

解:

$$Z|\psi\rangle = \begin{bmatrix} 1 & 0 \\ 0 & -1 \end{bmatrix} \begin{bmatrix} \dfrac{1}{\sqrt{2}} \\ \dfrac{1}{\sqrt{2}} \end{bmatrix} = \begin{bmatrix} \dfrac{1}{\sqrt{2}} \\ -\dfrac{1}{\sqrt{2}} \end{bmatrix} = \dfrac{1}{\sqrt{2}}|0\rangle - \mathrm{e}^{\mathrm{i}\pi}\dfrac{1}{\sqrt{2}}|1\rangle \tag{3.11}$$

3.3 Hadamard 门

Hadamard 门的矩阵形式为

$$H = \frac{1}{\sqrt{2}} \begin{bmatrix} 1 & 1 \\ 1 & -1 \end{bmatrix} \tag{3.12}$$

Hadamard 门简称 H 门。H 门作用在单量子比特上,将基态 $|0\rangle$ 变成 $(|0\rangle + |1\rangle)/\sqrt{2}$,将 $|1\rangle$ 变成 $(|0\rangle - |1\rangle)/\sqrt{2}$,即

$$\begin{cases} H(|0\rangle)=\dfrac{1}{\sqrt{2}}(|0\rangle+|1\rangle)=|+\rangle \\[3mm] H(|1\rangle)=\dfrac{1}{\sqrt{2}}(|0\rangle-|1\rangle)=|-\rangle \end{cases} \tag{3.13}$$

对于任意的量子态$|\psi\rangle=\alpha|0\rangle+\beta|1\rangle,\alpha,\beta\in\mathbb{C}$,有

$$H|\psi\rangle=\frac{1}{\sqrt{2}}\begin{bmatrix}1&1\\1&-1\end{bmatrix}\begin{bmatrix}\alpha\\\beta\end{bmatrix}=\frac{1}{\sqrt{2}}\begin{bmatrix}\alpha+\beta\\\alpha-\beta\end{bmatrix}$$

$$=\frac{\alpha+\beta}{\sqrt{2}}|0\rangle+\frac{\alpha-\beta}{\sqrt{2}}|1\rangle \tag{3.14}$$

H 门的线路符号如图 3.4 所示。

图 3.4　H 门

【例 3.4】　证明对任一量子态连续使用两次 H 门,其状态保持不变。

证:

$$HH=\frac{1}{2}\begin{bmatrix}1&1\\1&-1\end{bmatrix}\begin{bmatrix}1&1\\1&-1\end{bmatrix}=\frac{1}{2}\begin{bmatrix}2&0\\0&2\end{bmatrix}=\begin{bmatrix}1&0\\0&1\end{bmatrix}=I \tag{3.15}$$

【例 3.5】　证明 H 门的共轭转置和逆矩阵都等于其自身。

证:

$$H^{\dagger}=\frac{1}{\sqrt{2}}\begin{bmatrix}1&1\\1&-1\end{bmatrix}=H,HH=I,H=H^{-1} \tag{3.16}$$

H 门通常用作以下用途。

(1) 基变换

H 门的效果可视为对一个量子比特的状态做基底变换,以实现计算基$\{|0\rangle,|1\rangle\}$到基$\{|+\rangle,|-\rangle\}$之间的相互转换。其中,$\{|0\rangle,|1\rangle\}$为泡利 Z 矩阵的本征向量;$\{|+\rangle,|-\rangle\}$为泡利 X 矩阵的本征向量。

假设有一个基$\{|+\rangle,|-\rangle\}$上的量子态,对 X 方向进行测量不如对 Z 方向进行测量更方便,这时可先用 H 门进行基变换,再通过计算基$\{|0\rangle,|1\rangle\}$进行测量。

(2) 将多个量子比特的初态制备为等权叠加态

$H^{\otimes n}$ 作用在零态 $|0\rangle^{\otimes n}$ 上能够产生等权叠加态$\dfrac{1}{\sqrt{2^n}}\sum\limits_{x\in\{0,1\}^n}|x\rangle$,即从零态

得到 2^n 个态的叠加态。

H 门作用在 $|0\rangle$ 上得到 $H(|0\rangle) = \dfrac{1}{\sqrt{2}}(|0\rangle + |1\rangle)$。

作用在 $|00\rangle$ 上得到：
$$
\begin{aligned}
H^{\otimes 2}|00\rangle &= H|0\rangle \otimes H|0\rangle \\
&= \frac{1}{\sqrt{2}}(|0\rangle + |1\rangle) \otimes \frac{1}{\sqrt{2}}(|0\rangle + |1\rangle) \\
&= \frac{1}{2}(|00\rangle + |01\rangle + |10\rangle + |11\rangle)
\end{aligned}
\tag{3.17}
$$

作用在 n 个 $|0\rangle$，即 $|0\rangle^{\otimes n}$ 上得到：
$$
\begin{aligned}
H^{\otimes n}|0\rangle^{\otimes n} &= \frac{1}{\sqrt{2^n}} \sum_{x=0}^{2^n-1} |x\rangle \\
&= \frac{1}{\sqrt{2^n}}(|00\cdots00\rangle + |00\cdots01\rangle + |00\cdots10\rangle + \cdots + |11\cdots11\rangle)
\end{aligned}
\tag{3.18}
$$

3.4 相 位 门

3.4.1 S 门

S 门的矩阵形式为
$$
S = \begin{bmatrix} 1 & 0 \\ 0 & i \end{bmatrix} = \begin{bmatrix} 1 & 0 \\ 0 & e^{i(\pi/2)} \end{bmatrix}
\tag{3.19}
$$

S 门相当于绕布洛赫球 z 轴逆时针旋转 $\pi/2$ 角度。布洛赫球上任一量子态 $|\psi\rangle = \cos\dfrac{\theta}{2}|0\rangle + e^{i\varphi}\sin\dfrac{\theta}{2}|1\rangle$，其中 $e^{i\varphi}$ 是相对相位，φ 是相位角。S 门作用后，相位角由 φ 变为 $\varphi + \pi/2$。

对于任意量子态 $|\psi\rangle = \alpha|0\rangle + \beta|1\rangle$，S 门作用后 $|1\rangle$ 的振幅由 β 变为 $i\beta$，即
$$
S|\psi\rangle = \begin{bmatrix} 1 & 0 \\ 0 & i \end{bmatrix} \begin{bmatrix} \alpha \\ \beta \end{bmatrix} = \begin{bmatrix} \alpha \\ i\beta \end{bmatrix} = \alpha|0\rangle + i\beta|1\rangle
\tag{3.20}
$$

S 门又常被称为 $\pi/4$ 门，即
$$
S = \begin{bmatrix} 1 & 0 \\ 0 & e^{i(\pi/2)} \end{bmatrix} = e^{i(\pi/4)} \begin{bmatrix} e^{-i(\pi/4)} & 0 \\ 0 & e^{i(\pi/4)} \end{bmatrix}
\tag{3.21}
$$

上式方括号外的 $e^{i(\pi/4)}$ 不影响 S 门作用后的观测结果。

S 门的线路符号如图 3.5 所示。

【例 3.6】 求 S 门对 $|\psi\rangle = \dfrac{1}{\sqrt{2}} |0\rangle + \dfrac{1}{\sqrt{2}} |1\rangle$ 作用后的末态。

解：

$$S|\psi\rangle = \begin{bmatrix} 1 & 0 \\ 0 & i \end{bmatrix} \begin{bmatrix} \dfrac{1}{\sqrt{2}} \\ \dfrac{1}{\sqrt{2}} \end{bmatrix} = \frac{1}{\sqrt{2}} |0\rangle + e^{i(\pi/2)} \frac{1}{\sqrt{2}} |1\rangle \tag{3.22}$$

【例 3.7】 证明连续两个 S 门等同于一个 Pauli-Z 门，即 $Z = SS$。

证：

$$SS = \begin{bmatrix} 1 & 0 \\ 0 & i \end{bmatrix} \begin{bmatrix} 1 & 0 \\ 0 & i \end{bmatrix} = \begin{bmatrix} 1 & 0 \\ 0 & -1 \end{bmatrix} = Z$$

3.4.2 T 门

T 门的矩阵形式为

$$T = \begin{bmatrix} 1 & 0 \\ 0 & e^{i(\pi/4)} \end{bmatrix} \tag{3.23}$$

T 门相当于绕布洛赫球 z 轴逆时针旋转 $\pi/4$ 角度，有时也称之为 $\pi/8$ 门。

$$T = \begin{bmatrix} 1 & 0 \\ 0 & e^{i(\pi/4)} \end{bmatrix} = e^{i(\pi/8)} \begin{bmatrix} e^{-i(\pi/8)} & 0 \\ 0 & e^{i(\pi/8)} \end{bmatrix} \tag{3.24}$$

上式方括号外的 $e^{i(\pi/8)}$ 对 T 门作用后的结果观测不起作用。

将 T 门作用两次等于作用一次 S 门，即 $S = TT$。

T 门作用在任意量子态 $|\psi\rangle = \alpha |0\rangle + \beta |1\rangle$，$\alpha, \beta \in \mathbb{C}$ 上，得到的新的量子态为

$$T|\psi\rangle = \begin{bmatrix} 1 & 0 \\ 0 & e^{i(\pi/4)} \end{bmatrix} \begin{bmatrix} \alpha \\ \beta \end{bmatrix} = \begin{bmatrix} \alpha \\ e^{i(\pi/4)} \beta \end{bmatrix} = \alpha |0\rangle + e^{i(\pi/4)} \beta |1\rangle \tag{3.25}$$

T 门的线路符号如图 3.6 所示。

图 3.5 S 门 　　　　　　　　　　　　图 3.6 T 门

【例 3.8】 求 T 门对 $|\psi\rangle = \dfrac{1}{\sqrt{2}} |0\rangle + \dfrac{1}{\sqrt{2}} |1\rangle$ 作用后的末态。

解：

$$T|\psi\rangle=\begin{bmatrix}1&0\\0&\mathrm{e}^{\mathrm{i}(\pi/4)}\end{bmatrix}\begin{bmatrix}\dfrac{1}{\sqrt{2}}\\[2mm]\dfrac{1}{\sqrt{2}}\end{bmatrix}$$

$$=\frac{1}{\sqrt{2}}|0\rangle+\mathrm{e}^{\mathrm{i}(\pi/4)}\frac{1}{\sqrt{2}}|1\rangle \tag{3.26}$$

3.4.3　S† 门

S† 门又称 Sdg 门或 S-dagger 门,可视为 S 门的逆操作。S† 门相当于绕布洛赫球 z 轴顺时针旋转 $\pi/2$ 角度,矩阵形式为

$$\mathrm{Sdg}=\begin{bmatrix}1&0\\0&-\mathrm{i}\end{bmatrix} \tag{3.27}$$

S† 门作用在任意量子态 $|\psi\rangle=\alpha|0\rangle+\beta|1\rangle$,$\alpha,\beta\in\mathbb{C}$ 上,得到的新的量子态为

$$\mathrm{Sdg}|\psi\rangle=\begin{bmatrix}1&0\\0&-\mathrm{i}\end{bmatrix}\begin{bmatrix}\alpha\\\beta\end{bmatrix}=\begin{bmatrix}\alpha\\-\mathrm{i}\beta\end{bmatrix}=\alpha|0\rangle-\mathrm{i}\beta|1\rangle \tag{3.28}$$

S† 门的线路符号如图 3.7 所示。

3.4.4　T† 门

T† 门又称 Tdg 门或 T-dagger 门,可视为 T 门的逆操作。T† 门相当于绕布洛赫球 z 轴顺时针旋转 $\pi/4$ 角度,矩阵形式为

$$\mathrm{Tdg}=\begin{bmatrix}1&0\\0&\mathrm{e}^{-\mathrm{i}\pi/4}\end{bmatrix} \tag{3.29}$$

T† 门作用在任意量子态 $|\psi\rangle=\alpha|0\rangle+\beta|1\rangle$,有

$$T|\psi\rangle=\begin{bmatrix}1&0\\0&\mathrm{e}^{-\mathrm{i}\pi/4}\end{bmatrix}\begin{bmatrix}\alpha\\\beta\end{bmatrix}=\begin{bmatrix}\alpha\\\mathrm{e}^{-\mathrm{i}\pi/4}\beta\end{bmatrix}=\alpha|0\rangle+\mathrm{e}^{-\mathrm{i}\pi/4}\beta|1\rangle \tag{3.30}$$

T† 门的线路符号如图 3.8 所示。

图 3.7　S† 门

图 3.8　T† 门

3.4.5 P 门

P 门的矩阵表示为

$$P(\lambda) = \begin{bmatrix} 1 & 0 \\ 0 & e^{i\lambda} \end{bmatrix} \tag{3.31}$$

P 门作用一个相位 $e^{i\lambda}$ 到基态 $|1\rangle$ 上。λ 可取 $[0,\pi]$ 的任意值。λ 为 π、$\pi/2$ 或 $\pi/4$ 时分别等价于 Z 门、S 门和 T 门,即

$$P(\lambda = \pi) = Z \tag{3.32}$$

$$P(\lambda = \pi/2) = S \tag{3.33}$$

$$P(\lambda = \pi/4) = T \tag{3.34}$$

P 门的线路符号如图 3.9 所示。

图 3.9 P 门

3.5 旋 转 门

Pauli 门分别实现了单量子比特绕布洛赫球对应轴旋转固定的 π 角度的操作。RX 门、RY 门和 RZ 门称为旋转门,它们可以让一个量子比特的状态绕布洛赫球对应轴旋转一个合理的任意角度。本节将介绍这组旋转门,相应算子定义如下。

$$\begin{cases} R_x(\theta) \equiv e^{-\frac{i\theta X}{2}} \\ R_y(\theta) \equiv e^{-\frac{i\theta Y}{2}} \\ R_z(\theta) \equiv e^{-\frac{i\theta Z}{2}} \end{cases} \tag{3.35}$$

令 $A = \sum_a a|a\rangle\langle a|$ 是正规算子 $A(A^\dagger A = AA^\dagger)$ 的谱分解,定义

$$f(A) \equiv \sum_a f(a)|a\rangle\langle a| \tag{3.36}$$

若 $f(x)$ 有幂级数展开 $f(x) = \sum_{i=0}^{\infty} c_i x^i$,则有

$$f(A) \equiv c_0 I + c_1 A + c_2 A^2 + c_3 A^3 + \cdots \tag{3.37}$$

指数函数的泰勒展开式为

$$e^x = \sum_{i=0}^{\infty} \frac{x^i}{i\,!} \tag{3.38}$$

即

$$e^x = 1 + x + \frac{x^2}{2\,!} + \frac{x^3}{3\,!} + \frac{x^4}{4\,!} + \cdots \tag{3.39}$$

据此式推广可有

$$e^A = I + A + \frac{A^2}{2\,!} + \frac{A^3}{3\,!} + \frac{A^4}{4\,!} + \frac{A^5}{5\,!} + \cdots \tag{3.40}$$

考虑 $e^{i\theta A}$，即

$$e^{i\theta A} = I + i\theta A - \frac{(\theta A)^2}{2\,!} - i\frac{(\theta A)^3}{3\,!} + \frac{(\theta A)^4}{4\,!} + i\frac{(\theta A)^5}{5\,!} + \cdots \tag{3.41}$$

由于 A 是正规算子，有 $A^2 = I$，从而有

$$e^{i\theta A} = I + i\theta A - \frac{\theta^2 I}{2\,!} - i\frac{\theta^3 A}{3\,!} + \frac{\theta^4 I}{4\,!} + i\frac{\theta^5 A}{5\,!} + \cdots$$

$$= \left(1 - \frac{\theta^2}{2\,!} + \frac{\theta^4}{4\,!} + \cdots\right)I +$$

$$i\left(\theta - \frac{\theta^3}{3\,!} + \frac{\theta^5}{5\,!} + \cdots\right)A \tag{3.42}$$

最终得到

$$e^{i\theta A} = \cos(\theta)I + i\sin(\theta)A \tag{3.43}$$

该式是推导 RX、RY 和 RZ 等门的矩阵形式的重要依据。

因为 Pauli 矩阵具有 $X^2 = Y^2 = Z^2 = I$ 的性质，所以分别用不同的 Pauli 矩阵作为生成元，根据该式可方便地给出 RX、RY 和 RZ 门的矩阵表示。

3.5.1　RX 门

RX 门由 Pauli-X 矩阵作为生成元生成，其矩阵表示为

$$RX(\theta) \equiv e^{-\frac{i\theta X}{2}} = \cos\left(\frac{\theta}{2}\right)I - i\sin\left(\frac{\theta}{2}\right)X$$

$$= \begin{bmatrix} \cos\left(\frac{\theta}{2}\right) & -i\sin\left(\frac{\theta}{2}\right) \\ -i\sin\left(\frac{\theta}{2}\right) & \cos\left(\frac{\theta}{2}\right) \end{bmatrix} \tag{3.44}$$

RX 门的功能为绕布洛赫球 x 轴逆时针旋转 θ 角度,其线路符号如图 3.10 所示。

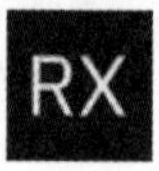

图 3.10　RX 门

【例 3.9】　RX$(\pi/2)$ 门的功能。

解:

RX$(\pi/2)$ 门作用在任意量子态 $|\psi\rangle = \alpha|0\rangle + \beta|1\rangle$ 上,得到的新的量子态为

$$
\mathrm{RX}\left(\frac{\pi}{2}\right)|\psi\rangle = \frac{\sqrt{2}}{2}\begin{bmatrix} 1 & -\mathrm{i} \\ -\mathrm{i} & 1 \end{bmatrix}\begin{bmatrix} \alpha \\ \beta \end{bmatrix} = \frac{\sqrt{2}}{2}\begin{bmatrix} \alpha - \mathrm{i}\beta \\ \beta - \mathrm{i}\alpha \end{bmatrix}
$$
$$
= \frac{\sqrt{2}\,(\alpha - \mathrm{i}\beta)}{2}|0\rangle + \frac{\sqrt{2}\,(\beta - \mathrm{i}\alpha)}{2}|1\rangle \tag{3.45}
$$

【例 3.10】　求 RX(π) 门的矩阵表示。

解:

$$
\mathrm{RX}(\pi) = \begin{bmatrix} \cos\dfrac{\pi}{2} & -\mathrm{i}\sin\dfrac{\pi}{2} \\ -\mathrm{i}\sin\dfrac{\pi}{2} & \cos\dfrac{\pi}{2} \end{bmatrix} = \begin{bmatrix} 0 & -\mathrm{i} \\ -\mathrm{i} & 0 \end{bmatrix} = -\mathrm{i}X \tag{3.46}
$$

其等于 Pauli-X 矩阵与全局相位 $-\mathrm{i}$ 的乘积。

3.5.2　RY 门

RY 门由 Pauli-Y 矩阵作为生成元生成,其矩阵表示为

$$
\mathrm{RY}(\theta) \equiv \mathrm{e}^{-\frac{\mathrm{i}\theta Y}{2}}
$$
$$
= \cos\left(\frac{\theta}{2}\right)I - \mathrm{i}\sin\left(\frac{\theta}{2}\right)Y
$$
$$
= \begin{bmatrix} \cos\left(\dfrac{\theta}{2}\right) & -\sin\left(\dfrac{\theta}{2}\right) \\ \sin\left(\dfrac{\theta}{2}\right) & \cos\left(\dfrac{\theta}{2}\right) \end{bmatrix} \tag{3.47}
$$

RY 门的功能为绕布洛赫球 y 轴逆时针旋转 θ 角度,其线路符号如图 3.11

所示。

图 3.11   RY 门

【例 3.11】   RY($\pi/2$)门的功能。

解：

RY($\pi/2$)算子作用在任意量子态 $|\psi\rangle = \alpha|0\rangle + \beta|1\rangle$ 上,得到的新的量子态为

$$RY\left(\frac{\pi}{2}\right)|\psi\rangle = \frac{\sqrt{2}}{2}\begin{bmatrix} 1 & -1 \\ 1 & 1 \end{bmatrix}\begin{bmatrix} \alpha \\ \beta \end{bmatrix}$$

$$= \frac{\sqrt{2}}{2}\begin{bmatrix} \alpha - \beta \\ \alpha + \beta \end{bmatrix} = \frac{\sqrt{2}(\alpha - \beta)}{2}|0\rangle + \frac{\sqrt{2}(\alpha + \beta)}{2}|1\rangle \quad (3.48)$$

3.5.3   RZ 门

RZ 门由 Pauli-Z 矩阵作为生成元生成,其矩阵表示为

$$RZ(\theta) \equiv e^{-\frac{i\theta Z}{2}} = \cos\left(\frac{\theta}{2}\right)I - i\sin\left(\frac{\theta}{2}\right)Z = \begin{bmatrix} e^{-\frac{i\theta}{2}} & 0 \\ 0 & e^{\frac{i\theta}{2}} \end{bmatrix} \quad (3.49)$$

上式还可写成如下形式

$$RZ(\theta) = \begin{bmatrix} e^{-i\theta/2} & 0 \\ 0 & e^{i\theta/2} \end{bmatrix} = e^{-i\theta/2}\begin{bmatrix} 1 & 0 \\ 0 & e^{i\theta} \end{bmatrix} \quad (3.50)$$

两种形式只相差一个全局相位 $e^{-i\theta/2}$,如果只考虑单门,则两个矩阵表示的量子逻辑门是等价的。因此,有时 RZ 门的矩阵表示也写作

$$RZ(\theta) = \begin{bmatrix} 1 & 0 \\ 0 & e^{i\theta} \end{bmatrix} \quad (3.51)$$

RZ 门的功能为绕布洛赫球 z 轴逆时针旋转 θ 角度,其线路符号如图 3.12 所示。

图 3.12   RZ 门

【例 3.12】 求 RZ 门作用在单量子比特计算基上的结果。

解：

$$RZ|0\rangle = \begin{bmatrix} 1 & 0 \\ 0 & e^{i\theta} \end{bmatrix} \begin{bmatrix} 1 \\ 0 \end{bmatrix} = \begin{bmatrix} 1 \\ 0 \end{bmatrix} = |0\rangle \qquad (3.52)$$

$$RZ|1\rangle = \begin{bmatrix} 1 & 0 \\ 0 & e^{i\theta} \end{bmatrix} \begin{bmatrix} 0 \\ 1 \end{bmatrix} = \begin{bmatrix} 0 \\ e^{i\theta} \end{bmatrix} = e^{i\theta}|1\rangle \qquad (3.53)$$

【例 3.13】 RZ($\pi/2$)门的功能。

解：RZ($\pi/2$)作用在任意量子态 $|\psi\rangle = \alpha|0\rangle + \beta|1\rangle$ 上，得到新的量子态为

$$RZ\left(\frac{\pi}{2}\right)|\psi\rangle = \begin{bmatrix} 1 & 0 \\ 0 & \dfrac{\sqrt{2}\,(1+i)}{2} \end{bmatrix} \begin{bmatrix} \alpha \\ \beta \end{bmatrix}$$

$$= \begin{bmatrix} \alpha \\ \dfrac{\sqrt{2}\,(1+i)}{2}\beta \end{bmatrix} = \alpha|0\rangle + \frac{\sqrt{2}\,(1+i)}{2}\beta|1\rangle \qquad (3.54)$$

【例 3.14】 求 RZ(α)作用于任意量子态后的相对相位角。

解：考虑

$$RZ(\alpha)|\psi\rangle = \begin{bmatrix} e^{-i\alpha/2} & 0 \\ 0 & e^{i\alpha/2} \end{bmatrix} \begin{bmatrix} \cos\dfrac{\theta}{2} \\ e^{i\phi}\sin\dfrac{\theta}{2} \end{bmatrix} = \begin{bmatrix} e^{-i\alpha/2}\cos\dfrac{\theta}{2} \\ e^{i\alpha/2}e^{i\phi}\sin\dfrac{\theta}{2} \end{bmatrix} \qquad (3.55)$$

为了使 $|0\rangle$ 的系数为实数，必须将当前状态再乘以一个 $e^{i\alpha/2}$，即

$$e^{i\alpha/2} \begin{bmatrix} e^{-i\alpha/2}\cos\dfrac{\theta}{2} \\ e^{i\alpha/2}e^{i\phi}\sin\dfrac{\theta}{2} \end{bmatrix} = \begin{bmatrix} \cos\dfrac{\theta}{2} \\ e^{i\alpha}e^{i\phi}\sin\dfrac{\theta}{2} \end{bmatrix} \qquad (3.56)$$

经过上一步，末态的相对相位角才是 $\phi + \alpha$（$|\psi\rangle$ 的原始相对相位角为 ϕ）。可见，RZ(α)算子的功能为绕布洛赫球 z 轴旋转 α 角度。

【例 3.15】 在布洛赫球的三维空间中，RZ 门需要旋转多少角度才能使一个量子态的相位恢复为初始值？2π 还是 4π？

解：考虑以下式子

$$RZ(0) = I \qquad (3.57)$$

$$RZ(2\pi) = -I \qquad (3.58)$$

$$RZ(4\pi) = I \qquad (3.59)$$

可以看出，2π 的旋转不能将相位恢复到初始值，需要旋转 4π。

3.6　任意轴旋转门 $R_{\hat{n}}(\theta)$

如果 $\hat{n}=(n_x,n_y,n_z)$ 是三维坐标系中的实数单位向量,那么以 $\hat{n}$ 为轴将布洛赫矢量旋转 θ 角度的算符 $R_{\hat{n}}(\theta)$ 为

$$R_{\hat{n}}(\theta)\equiv\exp\left(-\mathrm{i}\theta\hat{n}\cdot\frac{\sigma}{2}\right)\tag{3.60}$$

其中,σ 表示 3 个泡利矩阵构成的向量 (X,Y,Z)。可以证明 $(\hat{n}\cdot\sigma)^2=I$,进而可以得到

$$R_{\hat{n}}(\theta)=\cos\left(\frac{\theta}{2}\right)I-\mathrm{i}\sin\left(\frac{\theta}{2}\right)\hat{n}\cdot\sigma$$

$$=\cos\left(\frac{\theta}{2}\right)I-\mathrm{i}\sin\left(\frac{\theta}{2}\right)(n_xX+n_yY+n_zZ)\tag{3.61}$$

可以看出,任意一个单量子比特的酉算符都可以写成以下形式:

$$U=\exp(\mathrm{i}\alpha)R_{\hat{n}}(\theta)\tag{3.62}$$

其中,α 和 θ 应为实数。

【例 3.16】　请给出 Hadamard 门的一种 $R_{\hat{n}}(\theta)$ 实现。

解:

当 $\alpha=\pi/2,\theta=\pi,\ \hat{n}=\left(\dfrac{1}{\sqrt{2}},0,\dfrac{1}{\sqrt{2}}\right)$ 时,

$$U=\exp(\mathrm{i}\pi/2)\left[\cos\left(\frac{\pi}{2}\right)I-\mathrm{i}\sin\left(\frac{\pi}{2}\right)\frac{1}{\sqrt{2}}(X+Z)\right]$$

$$=\frac{1}{\sqrt{2}}\begin{bmatrix}1&1\\1&-1\end{bmatrix}\tag{3.63}$$

该酉算符就是 Hadamard 门。上式表明,Hadamard 门可被理解为绕 $\hat{n}=(1/\sqrt{2},0,1/\sqrt{2})$ 逆时针旋转 π 角度,且具有一个全局相位 $\mathrm{e}^{\mathrm{i}(\pi/2)}$。

小　　结

本章结合量子比特布洛赫球表示阐述了常用的单量子比特门的功能、矩阵表示和线路符号等内容,并介绍了绕任意轴旋转门 $R_{\hat{n}}(\theta)$。

基于量子门矩阵表示的量子态演化推导是设计和分析量子线路的必备技能,希望读者在后续学习中不断加强和提高。

习　题

1. 分别给出 X 门对 $|i\rangle$ 和 $|-i\rangle$ 的操作结果。

2. 推导 σ_x、σ_y 和 σ_z 的本征向量和本征值。

3. 验证 $XY = -YX$、$XZ = -ZX$ 和 $ZY = -YZ$。

4. 用矩阵形式验证:$H|+\rangle = |0\rangle$,$H|-\rangle = |1\rangle$。

5. 验证推导 T 门与 Pauli-Z 门、S 门与 Pauli-Z 门的关系。

6. 用 Hadamard 门以外的其他单量子比特门实现 Hadamard 门的功能,并验证在 $H|0\rangle$、$HH|0\rangle$、$H|1\rangle$ 和 $HH|1\rangle$ 等情况下结果的正确性。

7. 一个量子比特的初态为 $|0\rangle$,请用单量子比特门分别实现 $|+\rangle$、$|-\rangle$、$|i\rangle$ 和 $|-i\rangle$ 等目标态。

8. 假设一个量子态可以通过同样的方式大量制备,若只有计算基态上的测量门,设计并给出测量该量子态的直角坐标 x、y 和 z 的方案。

多量子比特门

本章核心知识点：

☐ 多量子比特门 OpenQASM 语句

☐ 张量积

☐ 多量子比特的状态空间表示

☐ 双量子比特门：CX/CNOT 门和 SWAP 门

☐ 多量子比特门：Toffoli 门（CCNOT）和 CSWAP 门

☐ 量子态演化

4.1　多量子比特门 OpenQASM 语句

表 4.1 给出了常用的多量子比特门的 OpenQASM 语句格式及其功能简要说明，线路符号采用 Quantum Composer 中的标准图标。

本章将介绍表 4.1 中的多量子比特门。

表 4.1　多量子比特门的 OpenQASM 语句

线路符号	名　称	指　令	说　明
	CNOT	cx q[i],q[j];	控制非门,q[i]为控制量子比特,q[j]为目标量子比特
	SWAP	swap q[i],q[j];	交换门
	Toffoli(CCNOT)	ccx q[i],q[j],q[k];	Toffoli 门
	CSWAP	cswap q[i],q[j],q[k];	控制交换门,q[i]为控制量子比特

4.2 张 量 积

4.2.1 张量积的定义和性质

张量积是一种将多个低维向量空间连接成高维向量空间的方法。该方法是理解量子力学中的多体物理系统的关键。张量积在矩阵运算中通常被称为 Kronecker 积。

1. 定义

设 V、W 分别是 n 维和 m 维的向量空间，$|v\rangle \in V$，$|w\rangle \in W$，并假定 V、W 是希尔伯特空间，则 $V \otimes W$ 是由张量积 $|v\rangle \otimes |w\rangle$ 构成的 $n \times m$ 维向量空间。$V \otimes W$ 读作"V 张量 W"，其元素是 V 的元素 $|v\rangle$ 与 W 的元素 $|w\rangle$ 的张量积 $|v\rangle \otimes |w\rangle$ 的线性组合。特别地，若 $\{|i\rangle\}$ 和 $\{|j\rangle\}$ 分别是 V 和 W 中的一组正交基，则 $\{|i\rangle \otimes |j\rangle\}$ 是 $V \otimes W$ 中的一组正交基，通常简记为 $\{|ij\rangle\}$ 或 $\{|i,j\rangle\}$。

2. 性质

张量积满足如下性质：
① 对于任意标量 α，$\forall |v\rangle \in V$，$\forall |w\rangle \in W$，有
$$\alpha(|v\rangle \otimes |w\rangle) = (\alpha |v\rangle) \otimes |w\rangle = |v\rangle \otimes (\alpha |w\rangle) \tag{4.1}$$
② $\forall |v_1\rangle, |v_2\rangle \in V$，$\forall |w\rangle \in W$，有
$$(|v_1\rangle + |v_2\rangle) \otimes |w\rangle = |v_1\rangle \otimes |w\rangle + |v_2\rangle \otimes |w\rangle \tag{4.2}$$
③ $\forall |w_1\rangle, |w_2\rangle \in W$，$\forall |v\rangle \in V$，有
$$|v\rangle \otimes (|w_1\rangle + |w_2\rangle) = |v\rangle \otimes |w_1\rangle + |v\rangle \otimes |w_2\rangle \tag{4.3}$$

3. 张量积内积定义

对于 $|v\rangle \otimes |w\rangle, |v'\rangle \otimes |w'\rangle \in V \otimes W$，$V \otimes W$ 空间中的内积定义为
$$(|v\rangle \otimes |w\rangle, |v'\rangle \otimes |w'\rangle) = \langle v | v' \rangle \langle w | w' \rangle \tag{4.4}$$
对于任意标量 α_i 和 β_j，$\forall |v_i\rangle, |v_j'\rangle \in V$，$\forall |w_i\rangle, |w_j'\rangle \in W$，有
$$\left(\sum_i \alpha_i |v_i\rangle \otimes |w_i\rangle, \sum_j \beta_j |v_j'\rangle \otimes |w_j'\rangle \right) = \sum_{ij} \alpha_i^* \beta_j \langle v_i | v_j' \rangle \langle w_i | w_j' \rangle \tag{4.5}$$

【例 4.1】 $|0\rangle$ 和 $|1\rangle$ 是二维希尔伯特空间的计算基态，请给出四维希尔

伯特空间的计算基态。

解：四维希尔伯特空间的计算基态应有 4 个,分别为 $|0\rangle\otimes|0\rangle$、$|0\rangle\otimes|1\rangle$、$|1\rangle\otimes|0\rangle$ 和 $|1\rangle\otimes|1\rangle$。

$$|0\rangle\otimes|0\rangle\equiv|00\rangle=\begin{bmatrix}1\\0\end{bmatrix}\otimes\begin{bmatrix}1\\0\end{bmatrix}=\begin{bmatrix}1\cdot\begin{bmatrix}1\\0\end{bmatrix}\\0\cdot\begin{bmatrix}1\\0\end{bmatrix}\end{bmatrix}=\begin{bmatrix}1\\0\\0\\0\end{bmatrix} \tag{4.6}$$

$$|0\rangle\otimes|1\rangle\equiv|01\rangle=\begin{bmatrix}1\\0\end{bmatrix}\otimes\begin{bmatrix}0\\1\end{bmatrix}=\begin{bmatrix}1\cdot\begin{bmatrix}0\\1\end{bmatrix}\\0\cdot\begin{bmatrix}0\\1\end{bmatrix}\end{bmatrix}=\begin{bmatrix}0\\1\\0\\0\end{bmatrix} \tag{4.7}$$

$$|1\rangle\otimes|0\rangle\equiv|10\rangle=\begin{bmatrix}0\\1\end{bmatrix}\otimes\begin{bmatrix}1\\0\end{bmatrix}=\begin{bmatrix}0\cdot\begin{bmatrix}1\\0\end{bmatrix}\\1\cdot\begin{bmatrix}1\\0\end{bmatrix}\end{bmatrix}=\begin{bmatrix}0\\0\\1\\0\end{bmatrix} \tag{4.8}$$

$$|1\rangle\otimes|1\rangle\equiv|11\rangle=\begin{bmatrix}0\\1\end{bmatrix}\otimes\begin{bmatrix}0\\1\end{bmatrix}=\begin{bmatrix}0\cdot\begin{bmatrix}0\\1\end{bmatrix}\\1\cdot\begin{bmatrix}0\\1\end{bmatrix}\end{bmatrix}=\begin{bmatrix}0\\0\\0\\1\end{bmatrix} \tag{4.9}$$

【例 4.2】　有 $|\psi\rangle=(|0\rangle+|1\rangle)/\sqrt{2}$,请给出 $|\psi\rangle^{\otimes2}$。

解：

$$|\psi\rangle^{\otimes2}=\frac{1}{\sqrt{2}}(|0\rangle+|1\rangle)\otimes\frac{1}{\sqrt{2}}(|0\rangle+|1\rangle)=\frac{1}{2}\begin{bmatrix}1\\1\end{bmatrix}\otimes\begin{bmatrix}1\\1\end{bmatrix}$$

$$=\frac{1}{2}\begin{bmatrix}1\\1\\1\\1\end{bmatrix}=\frac{1}{2}(|00\rangle+|01\rangle+|10\rangle+|11\rangle) \tag{4.10}$$

4.2.2　线性算子的张量积

1. 定义

设 $|v\rangle$ 是 V 的元素,$|w\rangle$ 是 W 的元素,A 和 B 分别是作用在空间 V 和 W

上的线性算子,定义 $A \otimes B$ 是作用在空间 $V \otimes W$ 上的线性算子,有

$$A \otimes B(|v\rangle \otimes |w\rangle) = A|v\rangle \otimes B|w\rangle \tag{4.11}$$

2. 性质

线性算子 $A \otimes B$ 具有以下性质:

① 对于任意标量 α_i,$\forall\, |v_i\rangle \in V$,$\forall\, |w_i\rangle \in W$,$A$ 和 B 分别是作用在空间 V 和 W 上的线性算子,有

$$A \otimes B\left(\sum_i \alpha_i |v_i\rangle \otimes |w_i\rangle\right) = \sum_i \alpha_i A|v_i\rangle \otimes B|w_i\rangle \tag{4.12}$$

② 对于任意标量 β_i,A_i 和 B_i 分别是作用在空间 V 和 W 上的线性算子,$A_i \otimes B_i$ 是作用在空间 $V \otimes W$ 上的线性算子,$\sum_i \beta_i A_i \otimes B_i$ 也是作用在空间 $V \otimes W$ 上的线性算子,且对于 $\forall\, |v\rangle \in V$,$\forall\, |w\rangle \in W$,有

$$\left(\sum_i \beta_i A_i \otimes B_i\right)|v\rangle \otimes |w\rangle = \sum_i \beta_i A_i|v\rangle \otimes B_i|w\rangle \tag{4.13}$$

3. 线性算子矩阵表示的 Kronecker 积

假设线性算子 A 和 B 在 n 维空间 V 和 W 中的正交基 $\{|i\rangle\}$ 和 $\{|j\rangle\}$ 下的矩阵表示分别为 $A = [a_{ij}]_{n \times n}$,$B = [b_{ij}]_{n \times n}$,则

$$A \otimes B = \begin{bmatrix} a_{11}B & a_{12}B & \cdots & a_{1n}B \\ a_{21}B & a_{22}B & \cdots & a_{2n}B \\ \vdots & \vdots & \ddots & \vdots \\ a_{n1}B & a_{n2}B & \cdots & a_{nn}B \end{bmatrix} \tag{4.14}$$

更一般地,若 A 和 B 分别是 $m \times n$ 和 $p \times q$ 矩阵,有

$$A \otimes B = \begin{bmatrix} a_{11}B & a_{12}B & \cdots & a_{1n}B \\ a_{21}B & a_{22}B & \cdots & a_{2n}B \\ \vdots & \vdots & \ddots & \vdots \\ a_{m1}B & a_{m2}B & \cdots & a_{mn}B \end{bmatrix} \tag{4.15}$$

【**例 4.3**】 计算 $\sigma_x \otimes \sigma_y$、$\sigma_y \otimes \sigma_x$、$\sigma_x \otimes \sigma_z$、$\sigma_z \otimes \sigma_x$。

解:

$$\sigma_x \otimes \sigma_y = \begin{bmatrix} 0 & 1 \\ 1 & 0 \end{bmatrix} \otimes \begin{bmatrix} 0 & -i \\ i & 0 \end{bmatrix} = \begin{bmatrix} 0 \cdot \begin{bmatrix} 0 & -i \\ i & 0 \end{bmatrix} & 1 \cdot \begin{bmatrix} 0 & -i \\ i & 0 \end{bmatrix} \\ 1 \cdot \begin{bmatrix} 0 & -i \\ i & 0 \end{bmatrix} & 0 \cdot \begin{bmatrix} 0 & -i \\ i & 0 \end{bmatrix} \end{bmatrix}$$

$$= \begin{bmatrix} 0 & 0 & 0 & -i \\ 0 & 0 & i & 0 \\ 0 & -i & 0 & 0 \\ i & 0 & 0 & 0 \end{bmatrix} \tag{4.16}$$

$$\sigma_y \otimes \sigma_x = \begin{bmatrix} 0 & -i \\ i & 0 \end{bmatrix} \otimes \begin{bmatrix} 0 & 1 \\ 1 & 0 \end{bmatrix} = \begin{bmatrix} 0 \cdot \begin{bmatrix} 0 & 1 \\ 1 & 0 \end{bmatrix} & -i \cdot \begin{bmatrix} 0 & 1 \\ 1 & 0 \end{bmatrix} \\ i \cdot \begin{bmatrix} 0 & 1 \\ 1 & 0 \end{bmatrix} & 0 \cdot \begin{bmatrix} 0 & 1 \\ 1 & 0 \end{bmatrix} \end{bmatrix}$$

$$= \begin{bmatrix} 0 & 0 & 0 & -i \\ 0 & 0 & -i & 0 \\ 0 & i & 0 & 0 \\ i & 0 & 0 & 0 \end{bmatrix} \tag{4.17}$$

$$\sigma_x \otimes \sigma_z = \begin{bmatrix} 0 & 1 \\ 1 & 0 \end{bmatrix} \otimes \begin{bmatrix} 1 & 0 \\ 0 & -1 \end{bmatrix} = \begin{bmatrix} 0 \cdot \begin{bmatrix} 1 & 0 \\ 0 & -1 \end{bmatrix} & 1 \cdot \begin{bmatrix} 1 & 0 \\ 0 & -1 \end{bmatrix} \\ 1 \cdot \begin{bmatrix} 1 & 0 \\ 0 & -1 \end{bmatrix} & 0 \cdot \begin{bmatrix} 1 & 0 \\ 0 & -1 \end{bmatrix} \end{bmatrix}$$

$$= \begin{bmatrix} 0 & 0 & 1 & 0 \\ 0 & 0 & 0 & -1 \\ 1 & 0 & 0 & 0 \\ 0 & -1 & 0 & 0 \end{bmatrix} \tag{4.18}$$

$$\sigma_z \otimes \sigma_x = \begin{bmatrix} 1 & 0 \\ 0 & -1 \end{bmatrix} \otimes \begin{bmatrix} 0 & 1 \\ 1 & 0 \end{bmatrix} = \begin{bmatrix} 1 \cdot \begin{bmatrix} 0 & 1 \\ 1 & 0 \end{bmatrix} & 0 \cdot \begin{bmatrix} 0 & 1 \\ 1 & 0 \end{bmatrix} \\ 0 \cdot \begin{bmatrix} 0 & 1 \\ 1 & 0 \end{bmatrix} & -1 \cdot \begin{bmatrix} 0 & 1 \\ 1 & 0 \end{bmatrix} \end{bmatrix}$$

$$= \begin{bmatrix} 0 & 1 & 0 & 0 \\ 1 & 0 & 0 & 0 \\ 0 & 0 & 0 & -1 \\ 0 & 0 & -1 & 0 \end{bmatrix} \tag{4.19}$$

4.3 多量子比特状态空间表示

基于张量积,可以实现单量子比特态矢向多量子比特态矢的扩展。单量子比特的态矢是二维的,双量子比特的态矢是四维的。更一般地,n 量子比特

的态矢是 2^n 维希尔伯特空间中的一个单位向量。

n 量子比特系统的计算基由 2^n 个单位正交矢量组成。借助于经典比特的进位方式对量子比特进行标记，二进制中从左到右依次是从高位到低位，也就是说，$|q_{n-1},\cdots,q_0\rangle$ 中的 q_{n-1} 为高位，q_0 为低位。例如，对于一个双量子比特系统，其计算基态分别记作：

$$|00\rangle=\begin{bmatrix}1\\0\\0\\0\end{bmatrix},|01\rangle=\begin{bmatrix}0\\1\\0\\0\end{bmatrix}$$

$$|10\rangle=\begin{bmatrix}0\\0\\1\\0\end{bmatrix},|11\rangle=\begin{bmatrix}0\\0\\0\\1\end{bmatrix} \tag{4.20}$$

在计算基态 $|01\rangle$ 中，左侧的 0 为高位，右侧的 1 为低位。

对于两个相互之间没有关联的量子比特 A 和 B 组成的系统，量子态可以表示为 A 和 B 各自量子态的张量积，即

$$|\psi_A\rangle\otimes|\psi_B\rangle=\alpha_A\alpha_B|00\rangle+\beta_A\beta_B|11\rangle+\alpha_A\beta_B|01\rangle+\beta_A\alpha_B|10\rangle \tag{4.21}$$

也就是说，两个独立量子比特的状态可以用下列计算基态线性表示：$|00\rangle$、$|01\rangle$、$|10\rangle$ 和 $|11\rangle$。然而，并非所有双量子比特的态矢都能写成两个单量子比特态矢的张量积。两个量子比特之间若发生了量子纠缠，则这两个量子比特的状态只能作为一个整体描述。

特别提醒：本章后文中提到的"高位"或"低位"均遵从以下约定——n 量子比特的态助记符 $|q_{n-1},\cdots,q_0\rangle$ 中，q_{n-1} 为高位，q_0 为低位。

4.4 受控非门

受控非门又称 CX 门或 CNOT 门，为双量子比特门，其中一个输入为控制量子比特，另一个输入为目标量子比特。当控制量子比特为 $|1\rangle$ 时，目标量子比特执行 X 门操作，否则保持不变。

CX 门的线路符号如图 4.1 所示。

图 4.1　CX/CNOT 门

图 4.1 中带点的为控制量子比特,另一个为目标量子比特。

若高位为控制量子比特,那么它具有如下矩阵形式。

$$CNOT = \begin{bmatrix} 1 & 0 & 0 & 0 \\ 0 & 1 & 0 & 0 \\ 0 & 0 & 0 & 1 \\ 0 & 0 & 1 & 0 \end{bmatrix} \tag{4.22}$$

若低位为控制量子比特,那么它具有如下的矩阵形式。

$$CNOT = \begin{bmatrix} 1 & 0 & 0 & 0 \\ 0 & 0 & 0 & 1 \\ 0 & 0 & 1 & 0 \\ 0 & 1 & 0 & 0 \end{bmatrix} \tag{4.23}$$

【例 4.4】 求图 4.2 所示的门电路的矩阵表示,其中 q_1 为高位,q_0 为低位。

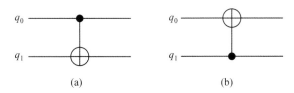

(a)   (b)

图 4.2 CNOT 门的示意

解:

$CNOT_{q_1,q_0}$ 或 $CNOT_{q_0,q_1}$ 中的下标的第一个位置为控制量子比特。

图 4.2(a) 中,低位 q_0 为 CNOT 门的控制量子比特,高位 q_1 为目标量子比特,其矩阵表示为

$$\begin{aligned} CNOT_{q_1,q_0} &= I \otimes |0\rangle\langle 0| + X \otimes |1\rangle\langle 1| \\ &= \begin{bmatrix} 1 & 0 \\ 0 & 1 \end{bmatrix} \otimes \begin{bmatrix} 1 & 0 \\ 0 & 0 \end{bmatrix} + \begin{bmatrix} 0 & 1 \\ 1 & 0 \end{bmatrix} \otimes \begin{bmatrix} 0 & 0 \\ 0 & 1 \end{bmatrix} \\ &= \begin{bmatrix} 1 & 0 & 0 & 0 \\ 0 & 0 & 0 & 0 \\ 0 & 0 & 1 & 0 \\ 0 & 0 & 0 & 0 \end{bmatrix} + \begin{bmatrix} 0 & 0 & 0 & 0 \\ 0 & 0 & 0 & 1 \\ 0 & 0 & 0 & 0 \\ 0 & 1 & 0 & 0 \end{bmatrix} \\ &= \begin{bmatrix} 1 & 0 & 0 & 0 \\ 0 & 0 & 0 & 1 \\ 0 & 0 & 1 & 0 \\ 0 & 1 & 0 & 0 \end{bmatrix} \end{aligned} \tag{4.24}$$

图 4.2(b)中,高位 q_1 为 CNOT 门的控制量子比特,低位 q_0 为目标量子比特,其矩阵表示为

$$\text{CNOT}_{q_0,q_1} = |0\rangle\langle 0| \otimes I + |1\rangle\langle 1| \otimes X$$

$$= \begin{bmatrix} 1 & 0 \\ 0 & 0 \end{bmatrix} \otimes \begin{bmatrix} 1 & 0 \\ 0 & 1 \end{bmatrix} + \begin{bmatrix} 0 & 0 \\ 0 & 1 \end{bmatrix} \otimes \begin{bmatrix} 0 & 1 \\ 1 & 0 \end{bmatrix}$$

$$= \begin{bmatrix} 1 & 0 & 0 & 0 \\ 0 & 1 & 0 & 0 \\ 0 & 0 & 0 & 0 \\ 0 & 0 & 0 & 0 \end{bmatrix} + \begin{bmatrix} 0 & 0 & 0 & 0 \\ 0 & 0 & 0 & 0 \\ 0 & 0 & 0 & 1 \\ 0 & 0 & 1 & 0 \end{bmatrix} = \begin{bmatrix} 1 & 0 & 0 & 0 \\ 0 & 1 & 0 & 0 \\ 0 & 0 & 0 & 1 \\ 0 & 0 & 1 & 0 \end{bmatrix} \tag{4.25}$$

【例 4.5】 求高位为控制量子比特的 CNOT 门作用于 $|10\rangle$ 和 $|01\rangle$ 的结果。

解:

$$\text{CNOT}|10\rangle = \begin{bmatrix} 1 & 0 & 0 & 0 \\ 0 & 1 & 0 & 0 \\ 0 & 0 & 0 & 1 \\ 0 & 0 & 1 & 0 \end{bmatrix} \begin{bmatrix} 0 \\ 0 \\ 1 \\ 0 \end{bmatrix} = \begin{bmatrix} 0 \\ 0 \\ 0 \\ 1 \end{bmatrix} = |11\rangle \tag{4.26}$$

$$\text{CNOT}|01\rangle = \begin{bmatrix} 1 & 0 & 0 & 0 \\ 0 & 1 & 0 & 0 \\ 0 & 0 & 0 & 1 \\ 0 & 0 & 1 & 0 \end{bmatrix} \begin{bmatrix} 0 \\ 1 \\ 0 \\ 0 \end{bmatrix} = \begin{bmatrix} 0 \\ 1 \\ 0 \\ 0 \end{bmatrix} = |01\rangle \tag{4.27}$$

由于高位为控制量子比特,低位为目标量子比特,因此当高位为 1 时,低位量子比特就会被取反;当高位为 0 时,不对低位量子比特做任何操作。

【例 4.6】 求低位为控制量子比特的 CNOT 门作用于 $|10\rangle$ 和 $|11\rangle$ 的结果。

解:

$$\text{CNOT}|10\rangle = \begin{bmatrix} 1 & 0 & 0 & 0 \\ 0 & 0 & 0 & 1 \\ 0 & 0 & 1 & 0 \\ 0 & 1 & 0 & 0 \end{bmatrix} \begin{bmatrix} 0 \\ 0 \\ 1 \\ 0 \end{bmatrix} = \begin{bmatrix} 0 \\ 0 \\ 1 \\ 0 \end{bmatrix} = |10\rangle \tag{4.28}$$

$$\text{CNOT}|11\rangle = \begin{bmatrix} 1 & 0 & 0 & 0 \\ 0 & 0 & 0 & 1 \\ 0 & 0 & 1 & 0 \\ 0 & 1 & 0 & 0 \end{bmatrix} \begin{bmatrix} 0 \\ 0 \\ 0 \\ 1 \end{bmatrix} = \begin{bmatrix} 0 \\ 1 \\ 0 \\ 0 \end{bmatrix} = |01\rangle \tag{4.29}$$

由于低位为控制量子比特,高位为目标量子比特,因此当低位为 1 时,高位就会被取反;当低位为 0 时,不对高位做任何操作。

【例 4.7】　求高位为控制量子比特的 CNOT 门作用在基向量的线性组合 $r|00\rangle+s|01\rangle+t|10\rangle+u|11\rangle$ 上的结果。

解:

$$\begin{aligned}
&\text{CNOT}(r|00\rangle+s|01\rangle+t|10\rangle+u|11\rangle \\
&= r|00\rangle+s|01\rangle+u|10\rangle+t|11\rangle
\end{aligned} \tag{4.30}$$

可以看出,CNOT 门只是翻转了 $|10\rangle$ 和 $|11\rangle$ 的概率振幅。

【例 4.8】　请用 CNOT 门的真值表验证:CNOT 门可以实现量子 XOR 逻辑。

解:图 4.3 所示的 CNOT 门,$|x\rangle$ 为控制量子比特,$|y\rangle$ 为目标量子比特,其真值表如表 4.2 所示,可见目标量子比特的输出为 $|x\oplus y\rangle$。

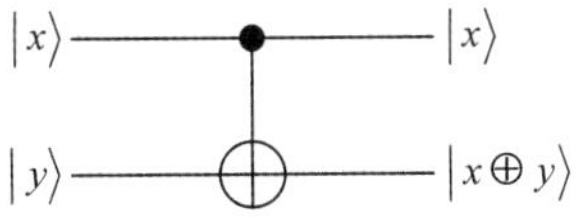

图 4.3　量子 XOR 逻辑

表 4.2　量子受控非门

输　　　入		输　　　出	
$|x\rangle$	$|y\rangle$	$|x\rangle$	$|x\oplus y\rangle$
$|0\rangle$	$|0\rangle$	$|0\rangle$	$|0\rangle$
$|0\rangle$	$|1\rangle$	$|0\rangle$	$|1\rangle$
$|1\rangle$	$|0\rangle$	$|1\rangle$	$|1\rangle$
$|1\rangle$	$|1\rangle$	$|1\rangle$	$|0\rangle$

【例 4.9】　如图 4.4 所示,CNOT 门的控制量子比特为 $\frac{1}{\sqrt{2}}|0\rangle+\frac{1}{\sqrt{2}}|1\rangle$,目标量子比特为 $|0\rangle$,请给出 CNOT 作用后的系统状态。

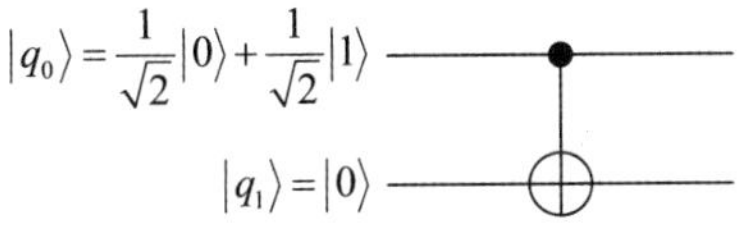

图 4.4　CX/CNOT 门量子线路实例

解：

输入是 $|0\rangle \otimes \left(\dfrac{1}{\sqrt{2}}|0\rangle + \dfrac{1}{\sqrt{2}}|1\rangle \right) = \dfrac{1}{\sqrt{2}}|00\rangle + \dfrac{1}{\sqrt{2}}|01\rangle$，受控非门将输出

$\dfrac{1}{\sqrt{2}}|00\rangle + \dfrac{1}{\sqrt{2}}|11\rangle$。这是一个量子纠缠态。

图 4.5 左边为经典 XOR 门，未知状态的 x 通过该门可以在两个输出比特上得到相同的状态 x。然而，对于右边的 CNOT 门，却不能实现一个未知量子态的复制。假设 CNOT 门的控制量子比特为未知的 $|x\rangle = \alpha|0\rangle + \beta|1\rangle$，目标量子比特为 $|0\rangle$，若在两个输出量子比特上得到相同的 $|x\rangle$，则输出态应为

$$|x\rangle \otimes |x\rangle = \alpha^2|00\rangle + \alpha\beta|01\rangle + \beta\alpha|10\rangle + \beta^2|11\rangle \qquad (4.31)$$

与结果的 $\alpha|00\rangle + \beta|11\rangle$ 相比较可以看出，除非 $\alpha\beta = 0$，否则 CNOT 门不能复制一个未知的量子比特。量子不可克隆定理也表明，未知量子态的复制是不可能实现的。所以，基于 CNOT 门实现的量子 XOR 门不能实现一个未知量子态的复制。

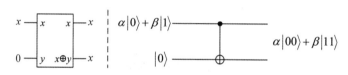

图 4.5　经典 XOR 门与 CNOT 门的比较

4.5　互　换　门

互换门（又称 SWAP 门或 Swap gate）为双量子比特门，可以令两个量子比特相互交换量子位。SWAP 门的矩阵表示为

$$\text{SWAP} = \begin{bmatrix} 1 & 0 & 0 & 0 \\ 0 & 0 & 1 & 0 \\ 0 & 1 & 0 & 0 \\ 0 & 0 & 0 & 1 \end{bmatrix} \qquad (4.32)$$

线路符号如图 4.6 所示。

互换门的功能可用 Dirac 符号简记为

$$|a,b\rangle \rightarrow |b,a\rangle \qquad (4.33)$$

互换门可由 3 个 CNOT 门的等价线路实现，如图 4.7 所示。

图 4.6 SWAP 门　　　　　图 4.7 SWAP 等价线路

4.6 Toffoli 门

Toffoli 门（又称 CCX 门或 CCNOT 门）为三量子比特门，其中两个输入为控制量子比特，另一个输入为目标量子比特。当两个控制量子比特都为 $|1\rangle$ 时，目标量子比特进行 X 门操作，否则保持不变。

当 $|q_2 q_1 q_0\rangle$ 中的 q_0 和 q_1 为控制量子比特，q_2 为目标量子比特时，其矩阵表示为

$$
\begin{aligned}
\mathrm{CCX}_{q_0,q_1,q_2} &= I \otimes I \otimes |0\rangle\langle 0| + \mathrm{CX}_{q_1,q_2} \otimes |1\rangle\langle 1| \\
&= \begin{bmatrix}
1 & 0 & 0 & 0 & 0 & 0 & 0 & 0 \\
0 & 1 & 0 & 0 & 0 & 0 & 0 & 0 \\
0 & 0 & 1 & 0 & 0 & 0 & 0 & 0 \\
0 & 0 & 0 & 0 & 0 & 0 & 0 & 1 \\
0 & 0 & 0 & 0 & 1 & 0 & 0 & 0 \\
0 & 0 & 0 & 0 & 0 & 1 & 0 & 0 \\
0 & 0 & 0 & 0 & 0 & 0 & 1 & 0 \\
0 & 0 & 0 & 1 & 0 & 0 & 0 & 0
\end{bmatrix}
\end{aligned}
\tag{4.34}
$$

当 $|q_2 q_1 q_0\rangle$ 中的 q_1 和 q_2 为控制量子比特，q_0 为目标量子比特时，其矩阵表示为

$$
\begin{aligned}
\mathrm{CCX}_{q_2,q_1,q_0} &= |0\rangle\langle 0| \otimes I \otimes I + |1\rangle\langle 1| \otimes \mathrm{CX}_{q_1,q_0} \\
&= \begin{bmatrix}
1 & 0 & 0 & 0 & 0 & 0 & 0 & 0 \\
0 & 1 & 0 & 0 & 0 & 0 & 0 & 0 \\
0 & 0 & 1 & 0 & 0 & 0 & 0 & 0 \\
0 & 0 & 0 & 1 & 0 & 0 & 0 & 0 \\
0 & 0 & 0 & 0 & 1 & 0 & 0 & 0 \\
0 & 0 & 0 & 0 & 0 & 1 & 0 & 0 \\
0 & 0 & 0 & 0 & 0 & 0 & 0 & 1 \\
0 & 0 & 0 & 0 & 0 & 0 & 1 & 0
\end{bmatrix}
\end{aligned}
\tag{4.35}
$$

线路符号如图 4.8 所示。

图 4.8　Toffoli 门（CCNOT 门）

CCNOT 可用于实现 AND、OR、NOT 以及复制（FANCOUT）等量子逻辑门。量子 AND 和 OR 的设计与实现详见 5.3 节。

4.7　Fredkin 门

Fredkin 门在互换门的基础上增加了控制量子比特，当控制量子比特为 $|1\rangle$ 时，实行互换操作；当控制量子比特为 $|0\rangle$ 时，不进行操作；故也称之为控制互换门（CSWAP 门）。

当 $|q_2 q_1 q_0\rangle$ 中的 q_0 为控制量子比特时，其矩阵表示为

$$\mathrm{CSWAP}_{q_0,q_1,q_2} = I \otimes I \otimes |0\rangle\langle 0| + \mathrm{SWAP} \otimes |1\rangle\langle 1|$$

$$= \begin{bmatrix} 1 & 0 & 0 & 0 & 0 & 0 & 0 & 0 \\ 0 & 1 & 0 & 0 & 0 & 0 & 0 & 0 \\ 0 & 0 & 1 & 0 & 0 & 0 & 0 & 0 \\ 0 & 0 & 0 & 0 & 0 & 1 & 0 & 0 \\ 0 & 0 & 0 & 0 & 1 & 0 & 0 & 0 \\ 0 & 0 & 0 & 1 & 0 & 0 & 0 & 0 \\ 0 & 0 & 0 & 0 & 0 & 0 & 1 & 0 \\ 0 & 0 & 0 & 0 & 0 & 0 & 0 & 1 \end{bmatrix} \tag{4.36}$$

当 $|q_2 q_1 q_0\rangle$ 中的 q_2 为控制比特时，其矩阵表示为

$$\mathrm{CSWAP}_{q_2,q_1,q_0} = |0\rangle\langle 0| \otimes I \otimes I + |1\rangle\langle 1| \otimes \mathrm{SWAP}$$

$$= \begin{bmatrix} 1 & 0 & 0 & 0 & 0 & 0 & 0 & 0 \\ 0 & 1 & 0 & 0 & 0 & 0 & 0 & 0 \\ 0 & 0 & 1 & 0 & 0 & 0 & 0 & 0 \\ 0 & 0 & 0 & 1 & 0 & 0 & 0 & 0 \\ 0 & 0 & 0 & 0 & 1 & 0 & 0 & 0 \\ 0 & 0 & 0 & 0 & 0 & 0 & 1 & 0 \\ 0 & 0 & 0 & 0 & 0 & 1 & 0 & 0 \\ 0 & 0 & 0 & 0 & 0 & 0 & 0 & 1 \end{bmatrix} \tag{4.37}$$

CSWAP 门的线路符号如图 4.9 所示。

图 4.9　CSWAP 门

4.8　量子态演化

封闭的量子系统的演化通过酉变换实现。具体地,系统在 t_1 时刻处于状态 $|\psi_1\rangle$,经过酉算符 U,系统在 t_2 时刻的状态为

$$|\psi_2\rangle = U|\psi_1\rangle \tag{4.38}$$

式(2.77)表明,一个量子态经过酉变换后,其模将保持不变。

假设一个量子线路有两个量子比特输入态,分别为 $|x\rangle$ 和 $|y\rangle$,$|x\rangle$ 为高位量子比特,量子门 A 作用在量子比特 $|x\rangle$ 上,量子门 B 作用在量子比特 $|y\rangle$ 上,其量子线路的态演化可用式(4.39)的左边表示:先将量子门 A 和 B 分别作用于量子比特 $|x\rangle$ 和量子比特 $|y\rangle$ 上,得到 $A|x\rangle$ 或 $B|y\rangle$,再对两者求张量积。其态演化过程等价于式(4.39)的右边:量子门 A 和 B 先做张量积 $A \otimes B$,再作用于整体量子态 $|xy\rangle$ 上,其中,$|xy\rangle = |x\rangle \otimes |y\rangle$。

$$A|x\rangle \otimes B|y\rangle = (A \otimes B)|xy\rangle \tag{4.39}$$

式(4.40)表明,任意的酉矩阵 A 作用到计算基态 $|e_k\rangle$ 上,得到的结果等于该酉矩阵的第 k 列。从而,对于一个量子线路,若能测得其所有计算基态上对应的列振幅向量,也就可以得到量子线路整体的酉矩阵 A。

$$A|e_k\rangle = \begin{bmatrix} a_{11} & a_{12} & \cdots & a_{1k} & \cdots & a_{1n} \\ a_{21} & a_{22} & \cdots & a_{2k} & \cdots & a_{2n} \\ \vdots & \vdots & \ddots & \vdots & \ddots & \vdots \\ a_{n1} & a_{n2} & \cdots & a_{nk} & \cdots & a_{nn} \end{bmatrix} \begin{bmatrix} 0 \\ 0 \\ \vdots \\ 1 \\ \vdots \\ 0 \end{bmatrix} = \begin{bmatrix} a_{1k} \\ a_{2k} \\ \vdots \\ a_{nk} \end{bmatrix} \tag{4.40}$$

【例 4.10】　对于 $H^{\otimes 2}$ 量子态演化(如图 4.10 所示),计算初态 $|q_1 q_0\rangle = |01\rangle$ 对应的末态。

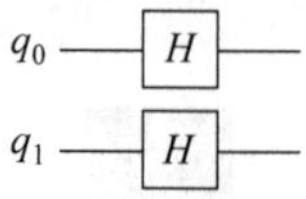

图 4.10 $H^{\otimes 2}$ 量子态演化

解：该量子线路的状态演化符合

$$H|q_1\rangle \otimes H|q_0\rangle = (H \otimes H)|q_1 q_0\rangle \qquad (4.41)$$

按式(4.41)左边进行计算得

$$H|0\rangle \otimes H|1\rangle = \frac{1}{\sqrt{2}}\begin{bmatrix} 1 & 1 \\ 1 & -1 \end{bmatrix}\begin{bmatrix} 1 \\ 0 \end{bmatrix} \otimes \frac{1}{\sqrt{2}}\begin{bmatrix} 1 & 1 \\ 1 & -1 \end{bmatrix}\begin{bmatrix} 0 \\ 1 \end{bmatrix}$$

$$= \frac{1}{\sqrt{2}}\begin{bmatrix} 1 \\ 1 \end{bmatrix} \otimes \frac{1}{\sqrt{2}}\begin{bmatrix} 1 \\ -1 \end{bmatrix}$$

$$= \frac{1}{2}\begin{bmatrix} 1 \\ -1 \\ 1 \\ -1 \end{bmatrix}$$

$$= \frac{1}{2}(|00\rangle - |01\rangle + |10\rangle - |11\rangle) \qquad (4.42)$$

按式(4.41)右边进行计算得

$$H^{\otimes 2} = \frac{1}{2}\begin{bmatrix} 1 & 1 \\ 1 & -1 \end{bmatrix} \otimes \begin{bmatrix} 1 & 1 \\ 1 & -1 \end{bmatrix}$$

$$= \frac{1}{2}\begin{bmatrix} 1 & 1 & 1 & 1 \\ 1 & -1 & 1 & -1 \\ 1 & 1 & -1 & -1 \\ 1 & -1 & -1 & 1 \end{bmatrix} \qquad (4.43)$$

$$H^{\otimes 2}|01\rangle = H^{\otimes 2}(|0\rangle \otimes |1\rangle)$$

$$= \frac{1}{2}\begin{bmatrix} 1 & 1 & 1 & 1 \\ 1 & -1 & 1 & -1 \\ 1 & 1 & -1 & -1 \\ 1 & -1 & -1 & 1 \end{bmatrix}\begin{bmatrix} 0 \\ 1 \\ 0 \\ 0 \end{bmatrix}$$

$$= \frac{1}{2}\begin{bmatrix} 1 \\ -1 \\ 1 \\ -1 \end{bmatrix}$$

$$= \frac{1}{2}(|00\rangle - |01\rangle + |10\rangle - |11\rangle) \tag{4.44}$$

可见,式(4.41)左右两边的计算结果相同。

【例 4.11】 给出如图 4.11 所示的量子线路的酉矩阵,计算初态 $|q_1 q_0\rangle = |01\rangle$ 对应的末态。

解:图 4.11 所示的量子线路可等价于图 4.12。

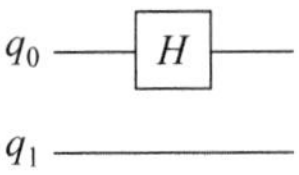

图 4.11 H 门量子态演化示例(1) 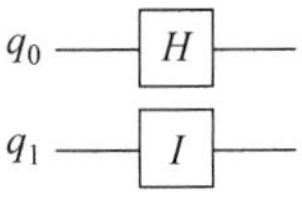　　　　图 4.12 H 门量子态演化示例的等价线路

图 4.12 所示的量子线路的状态演化符合

$$I|q_1\rangle \otimes H|q_0\rangle = (I \otimes H)|q_1 q_0\rangle = \begin{bmatrix} H & 0 \\ 0 & H \end{bmatrix} |q_1 q_0\rangle \tag{4.45}$$

图 4.11 和图 4.12 所示的量子线路的酉矩阵相同,即

$$I \otimes H = \begin{bmatrix} H & 0 \\ 0 & H \end{bmatrix} \tag{4.46}$$

若 $|q_1 q_0\rangle$ 为 $|01\rangle$,则有

$$(I \otimes H)|01\rangle = \begin{bmatrix} H & 0 \\ 0 & H \end{bmatrix} |01\rangle$$

$$= \frac{1}{\sqrt{2}} \begin{bmatrix} 1 & 1 & 0 & 0 \\ 1 & -1 & 0 & 0 \\ 0 & 0 & 1 & 1 \\ 0 & 0 & 1 & -1 \end{bmatrix} \begin{bmatrix} 0 \\ 1 \\ 0 \\ 0 \end{bmatrix}$$

$$= \frac{1}{\sqrt{2}} \begin{bmatrix} 1 \\ -1 \\ 0 \\ 0 \end{bmatrix}$$

$$= \frac{1}{\sqrt{2}}(|00\rangle - |01\rangle) \tag{4.47}$$

【例 4.12】 给出如图 4.13 所示的量子线路的酉矩阵,计算初态为 $|01\rangle$ 时的末态。

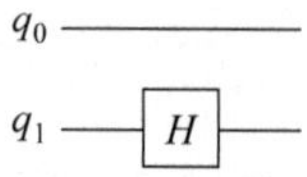

$$q_0 \text{———}$$
$$q_1 \text{—}\boxed{H}\text{—}$$

图 4.13 H 门量子态演化示例(2)

解:图 4.13 所示的量子线路的酉矩阵为

$$
\begin{aligned}
H \otimes I &= \frac{1}{\sqrt{2}} \begin{bmatrix} 1 & 1 \\ 1 & -1 \end{bmatrix} \otimes I \\
&= \frac{1}{\sqrt{2}} \begin{bmatrix} I & I \\ I & -I \end{bmatrix} \\
&= \frac{1}{\sqrt{2}} \begin{bmatrix} 1 & 0 & 1 & 0 \\ 0 & 1 & 0 & 1 \\ 1 & 0 & -1 & 0 \\ 0 & 1 & 0 & -1 \end{bmatrix}
\end{aligned}
\tag{4.48}
$$

若 $|q_1 q_0\rangle$ 为 $|01\rangle$,则有

$$
\begin{aligned}
H \otimes I|01\rangle &= \frac{1}{\sqrt{2}} \begin{bmatrix} 1 & 0 & 1 & 0 \\ 0 & 1 & 0 & 1 \\ 1 & 0 & -1 & 0 \\ 0 & 1 & 0 & -1 \end{bmatrix} \begin{bmatrix} 0 \\ 1 \\ 0 \\ 0 \end{bmatrix} \\
&= \frac{1}{\sqrt{2}} \begin{bmatrix} 0 \\ 1 \\ 0 \\ 1 \end{bmatrix} \\
&= \frac{1}{\sqrt{2}}(|01\rangle + |11\rangle)
\end{aligned}
\tag{4.49}
$$

【例 4.13】 给出如图 4.14 所示的量子线路的酉矩阵,分别计算初态为 $|101\rangle$ 时的末态。

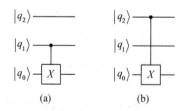

图 4.14 CNOT 门量子线路

解:图 4.14(a)所示的量子线路的状态演化符合

$$I\,|q_2\rangle\otimes\mathrm{CNOT}(|q_1q_0\rangle)=(I\otimes\mathrm{CNOT})|q_2q_1q_0\rangle \tag{4.50}$$

图 4.14(a)所示的量子线路的酉矩阵为

$$I\otimes\mathrm{CNOT}=\begin{bmatrix}1&0\\0&1\end{bmatrix}\otimes\mathrm{CNOT}=\begin{bmatrix}\mathrm{CNOT}&0\\0&\mathrm{CNOT}\end{bmatrix} \tag{4.51}$$

若 $|q_2q_1q_0\rangle$ 为 $|101\rangle$，则有

$$I\otimes\mathrm{CNOT}(|101\rangle)=\begin{bmatrix}1&0&0&0&0&0&0&0\\0&1&0&0&0&0&0&0\\0&0&0&1&0&0&0&0\\0&0&1&0&0&0&0&0\\0&0&0&0&1&0&0&0\\0&0&0&0&0&1&0&0\\0&0&0&0&0&0&0&1\\0&0&0&0&0&0&1&0\end{bmatrix}\begin{bmatrix}0\\0\\0\\0\\0\\1\\0\\0\end{bmatrix}=\begin{bmatrix}0\\0\\0\\0\\0\\1\\0\\0\end{bmatrix}$$

$$=|101\rangle \tag{4.52}$$

图 4.14(b)所示的量子线路的酉矩阵为

$$U_b=|0\rangle\langle0|\otimes I\otimes I+|1\rangle\langle1|\otimes I\otimes X$$

$$=\begin{bmatrix}1&0&0&0&0&0&0&0\\0&1&0&0&0&0&0&0\\0&0&1&0&0&0&0&0\\0&0&0&1&0&0&0&0\\0&0&0&0&0&1&0&0\\0&0&0&0&1&0&0&0\\0&0&0&0&0&0&0&1\\0&0&0&0&0&0&1&0\end{bmatrix} \tag{4.53}$$

若 $|q_2q_1q_0\rangle$ 为 $|101\rangle$，则有

$$U_b(|101\rangle)=\begin{bmatrix}1&0&0&0&0&0&0&0\\0&1&0&0&0&0&0&0\\0&0&1&0&0&0&0&0\\0&0&0&1&0&0&0&0\\0&0&0&0&0&1&0&0\\0&0&0&0&1&0&0&0\\0&0&0&0&0&0&0&1\\0&0&0&0&0&0&1&0\end{bmatrix}\begin{bmatrix}0\\0\\0\\0\\0\\1\\0\\0\end{bmatrix}=\begin{bmatrix}0\\0\\0\\0\\1\\0\\0\\0\end{bmatrix}=|100\rangle \tag{4.54}$$

小　　结

n 量子比特的态矢是 2^n 维希尔伯特空间中的一个单位向量。n 量子比特门的矩阵表示是一个 $2^n \times 2^n$ 的酉矩阵。在量子信息中，相互之间没有关联的量子比特的状态用张量积表示。若两个量子比特之间发生了量子纠缠，则这两个量子比特的状态只能作为一个整体描述。

本章的重点是多量子比特门的功能和矩阵表示，以及多量子比特状态空间的表示和量子线路状态演化的推演方法。

习　　题

1. 令 $|\psi\rangle = (|0\rangle + |1\rangle)/\sqrt{2}$，采用 Kronecker 积的形式给出 $|\psi\rangle^{\otimes 3}$ 和 $|\psi\rangle^{\otimes 4}$。

2. 证明两个酉算子的张量积是酉的。

3. 计算 Pauli 算子张量积的矩阵表示：

(1) Y 和 Z；

(2) Z 和 Y；

(3) I 和 Z；

(4) Z 和 I。

4. 证明以下量子线路的等价性。

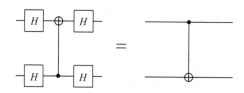

5. 用 CNOT 门实现 SWAP 门，并证明其等价性。

6. 分别给出以下量子线路的等效酉矩阵，并说明其功能。

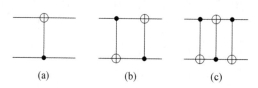

(a)　　　　(b)　　　　(c)

7. 推导并验证式(4.34)和式(4.35)所示的 Toffoli 门的矩阵表示。

8. 给出以下线路的量子态演化过程,并说明对量子比特 q_2 进行测量的意义和作用。

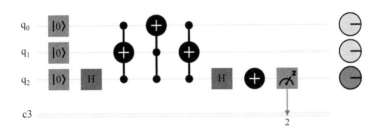

9. 实现两个量子比特相似度判定的线路,并做原理说明。

10. 已知 U 门的矩阵表示如下,分别求 Controlled-U 的控制量子比特为高位或低位时的 Controlled-U 矩阵表示。

$$U = \begin{bmatrix} u_{00} & u_{01} \\ u_{10} & u_{11} \end{bmatrix}$$

11. 实现以下量子线路的状态演化过程的分析,并给出整体线路功能的说明。

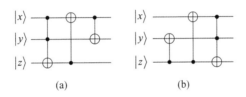

(a) (b)

第5章

基于量子汇编指令的量子线路设计

本章核心知识点:

☐ 量子汇编指令语言 OpenQASM
☐ OpenQASM 量子线路的设计与调试
☐ 量子逻辑门
☐ 量子加法器
☐ 量子相位反冲

5.1　量子汇编指令语言 OpenQASM

5.1.1　OpenQASM 语言基本语句

不同开发平台中的量子线路编辑器或模拟器支持的 OpenQASM 语句格式会稍有区别。本书以 Quantum Composer 支持的 OpenQASM 2.0 为例,书中所有 OpenQASM 代码实例均可在 Quantum Composer 中测试及运行。

表5.1列出了 OpenQASM 的基本语句及其简要说明。

表5.1　OpenQASM 语言基本语句(Ver2.0)

语　　句	说　　明
OPENQASM 2.0;	表明本文件符合 OpenQASM 2.0 版本格式
include "filename";	打开并解析另一个源文件
qreg qregname[size];	声明一个量子寄存器,size 为量子比特个数。例:qreg q[5];
qregname[i]	引用一个量子寄存器。例:q[0]

语　　句	说　　明
creg cregname[size];	声明一个经典寄存器,size 为经典比特个数。 例: creg c[5];
cregname[i]	引用一个经典寄存器。例: c[0]
U(theta, phi, lambda) qubit|qreg;	U 门。例: U(pi/2, pi/3, 0) q[0];
CX qubit|qreg, qubit|qreg;	CNOT 门。例: CX q[0], q[1];
measure qubit|qreg->bit|creg;	在计算基下测量。例: measure q -> c;
reset qubit|qreg;	将量子比特或量子寄存器重置为|0⟩。 例: reset q[0];
gatename(params) qargs;	引用一个酉门。例: crz(pi/2) q[1], q[0];
if(creg==int) qop;	条件满足时,执行量子操作。例: if(c==5) CX q[0], q[1];
barrier qargs;	barrier 操作(qargs 是以逗号分隔的量子比特或量子寄存器列表)。例: barrier q[0], q[1];
//comment text	注释文本

单量子比特门和多量子比特门的 OpenQASM 语句请参见表 3.1 和表 4.1。

OpenQASM 具有简明易读的语法。

① 每条语句以分号结束,大小写敏感,多余的空格会被忽略。

② 第一条语句必须是"OPENQASM M.m;",其中,M 为主版本号,m 为次版本号。当前版本的 Quantum Composer 支持的 OpenQASM 的版本号为 Version 2.0,故第一条语句必须为"OPENQASM 2.0"。

③ 接下来是 include 语句"include "filename";"。include 语句的用法与 C 语言类似,其功能是将头文件插入该命令所在的位置,从而把头文件和当前源文件连接成一个源文件。Quantum Composer 中必须有"include "qelib1.inc";"语句。

④ 接下来声明量子寄存器和经典寄存器。量子寄存器中的各量子比特初始化为\|0⟩;经典寄存器中的各比特初始化为 0。各类标识符必须以小写字母开头,合法字符为西文半角的数字、字母和下画线。

⑤ 添加量子门,设计量子线路。

⑥ 注释以"//"开头。

5.1.2 OpenQASM 量子线路编程实例

【**例 5.1**】 请给出如下 OpenQASM 代码对应的量子线路图。

CH5-1.qasm:Bell 态观测

```
//OpenQASM 文件
OPENQASM 2.0;           //指明 OpenQASM 的版本号
include "qelib1.inc";   //包含头文件 qelib1.inc
qreg q[2];              //声明一个名为 q 的量子寄存器,带 2 个量子比特
creg c[2];              //声明一个名为 c 的经典寄存器,带 2 个经典比特
h q[0];                 //在量子比特 q[0] 上添加一个 H 门
cx q[0],q[1];           //CX 门,控制量子比特为 q[0],目标量子比特为 q[1]
measure q[0] -> c[0];   //对量子比特 q[0] 进行测量,对应经典比特为 c[0]
measure q[1] -> c[1];   //对量子比特 q[1] 进行测量,对应经典比特为 c[1]
```

本例程对应的量子线路如图 5.1 所示,其实现了 Bell 态的制备与测量(详见 5.2.1 节)。

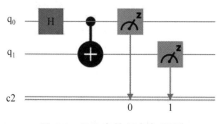

图 5.1　Bell 态的制备与测量

【**例 5.2**】 请给出如图 5.2 所示的量子线路的 OpenQASM 代码。

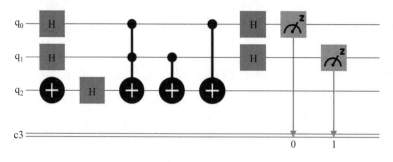

图 5.2　DJ 算法的量子线路($n=2$)

解：图 5.2 所示的量子线路为 Deutsch-Jozsa 算法（简称 DJ 算法，详见 7.1 节）的一种实现。该线路声明了一个 3 量子比特的量子寄存器和一个 3 比特的经典寄存器，对应的 OpenQASM 代码如下所示。

```
CH5-2.qasm:DJ算法(n=2)

OPENQASM 2.0;
include "qelib1.inc";
qreg q[3];
creg c[3];
h q[0];
h q[1];
x q[2];
h q[2];
ccx q[0],q[1],q[2];
cx q[1],q[2];
cx q[0],q[2];
h q[0];
h q[1];
measure q[0]->c[0];
measure q[1]->c[1];
```

5.1.3　图形化量子线路开发工具 Quantum Composer

Quantum Composer 的用户界面如图 5.3 所示。

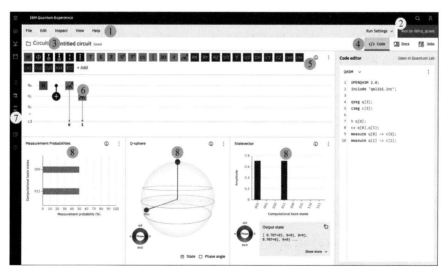

图 5.3　Quantum Composer 的用户界面

表 5.2 给出了用户界面各功能区的简要说明(注:随着版本的更新,界面会有所调整,但其功能结构基本一致)。

表 5.2　Quantum Composer 用户界面功能区说明

标识号	功能区名称	说　　明
①	菜单栏	单步调试(inspect)和视图选择(view)等功能
②	线路运行参数设置	指定线路执行的后端(backend)和运行次数(shots)等
③	线路名称设置	命名量子线路并以同名的 OpenQASM 文件存储
④	OpenQASM 代码编辑器	编辑 OpenQASM 代码,生成相应的量子线路
⑤	量子门线路符号列表	拖曳线路符号以在量子线路中插入量子门;可增加自定义门
⑥	量子线路图形化编辑器	通过线路符号创建量子线路;编辑、修改量子线路
⑦	应用切换 (Application Switcher)	在 Quantum Composer、Quantum Lab、Services(后台实体机和模拟器列表等)、Jobs(工作任务)和 Documentation(各类文档)等之间进行切换
⑧	实时可视化窗口 (Live Visualizations)	以多视图的形式展示量子线路的实时结果

5.2　OpenQASM 量子线路设计与调试

5.2.1　Bell 态观测实验

Bell 态(Bell states)指双量子比特系统的四种最大纠缠态,式(5.1)给出了这四种态,它得名于贝尔不等式的提出者——爱尔兰物理学家约翰·斯图尔特·贝尔。

$$\begin{cases} |\Phi^+\rangle = (|00\rangle + |11\rangle)/\sqrt{2} \\ |\Phi^-\rangle = (|00\rangle - |11\rangle)/\sqrt{2} \\ |\Psi^+\rangle = (|01\rangle + |10\rangle)/\sqrt{2} \\ |\Psi^-\rangle = (|01\rangle - |10\rangle)/\sqrt{2} \end{cases} \tag{5.1}$$

【实验内容】

① 基于自定义门 nG0 构建如图 5.4 所示的 Bell 态观测量子线路(5.2.2 节)。

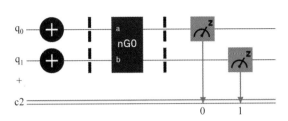

图 5.4　基于 nG0 门的 Bell 态观测量子线路

② 在模拟器上运行该量子线路,对结果做可视化分析(5.2.3 节)。

③ 在远程实体机上运行该量子线路,对结果做可视化分析(5.2.4 节)。

④ 比较以上两步的运行结果。请思考分析:为何用两种不同的运行环境执行同一量子线路时执行结果会有差异?

本节后续内容将以该实验为例介绍 Quantum Composer 量子线路的开发流程。

Quantum Composer 量子线路的开发流程主要包括以下三个步骤:

① 量子线路的创建(5.2.2 节和 5.2.3 节);

② 选择指定后端执行量子线路(模拟器作为后端见 5.2.6 节;后台真实量子计算机作为后端见 5.2.7 节);

③ 结果的可视化与分析(5.2.5 节)。

Quantum Composer 还提供了对量子线路的单步调试功能(5.2.4 节)。

5.2.2　OpenQASM 自定义门的构建

除了代码编辑器提供的基本门汇编指令以外,还可将一条或多条量子汇编指令封装成一个新的门。自定义门用来实现一个可以重复使用的独立功能,类似于汇编语言或高级语言中函数的用法。OpenQASM 使用 gate 指令定义一个新的门,其指令格式为

```
gate gatename(params) qargs;
```

其中,gate 为指令助记符,gatename 是新定义的门的名称;params 是自定义门需要指明的参数,为可选项;qargs 是自定义门作用的量子比特名称的形式参数列表。

【例 5.3】　请将如图 5.5 所示的量子线路构造为一个自定义门 nG0。

解:实现自定义门 nG0 的 OpenQASM 代码如下。

```
CH5-3.qasm:自定义门 nG0

OPENQASM 2.0;
include "qelib1.inc";
gate nG0 a, b
{
  h a;                    //对量子比特 a 进行 H 门操作
  cx a, b;                //CNOT 门,a 为控制量子比特,b 为目标量子比特
}
```

以上代码新定义了一个名为 nG0 的量子门,形式参数 a 和 b 表示自定义门作用的量子比特。

在代码编辑器中输入以上代码后,量子线路图形编辑器 Quantum Composer 的量子门线路符号列表中将新增如图 5.6 所示的 nG0 门的线路符号。

图 5.5　自定义门 nG0 的量子线路

图 5.6　自定义门 nG0 的线路符号

5.2.3　量子线路图的输入与编辑

1. 图形化用户界面方式

按照图 5.4 所示的 Bell 态观测量子线路,可在 Quantum Composer 的量子线路图形化编辑器(图 5.3 的区域⑥)中录入该线路。选中量子线路中的某一量子门线路符号,右击再选择"编辑"选项,即可调整该量子门的外联方式和内部参数等。

2. OpenQASM 代码文本方式

在 OpenQASM 代码编辑器(图 5.3 的区域④)中录入如下代码以生成量子线路。

```
#CH5-4.qasm:基于自定义门的 Bell 态观测

OPENQASM 2.0;
include "qelib1.inc";
gate nG0 a, b
{
  h a;
  cx a, b;
}
qreg q[2];
creg c[2];
x q[0];                    //初态设定,测试中根据需要修改
x q[1];                    //初态设定,测试中根据需要修改
barrier q[0],q[1];
nG0 q[0], q[1];
barrier q[0],q[1];
measure q[0] -> c[0];
measure q[1] -> c[1];
```

自定义门 nG0 的 a 映射在量子比特 q_0 上,b 映射在量子比特 q_1 上。q_1 为高位,q_0 为低位,量子态记为 $|q_1 q_0\rangle$。当初态为 $|11\rangle$ 时,Quantum Composer 中实测的末态与 $|\Psi^-\rangle$ 相差一个整体全局相位因子 -1。改变初态设定,利用构造的自定义门 nG0 可得到式(5.1)所列的四种态,即

$$|00\rangle \rightarrow |\Phi^+\rangle, \quad |01\rangle \rightarrow |\Phi^-\rangle$$
$$|10\rangle \rightarrow |\Psi^+\rangle, \quad |11\rangle \rightarrow |\Psi^-\rangle$$

特别提醒:对于 Quantum Composer 中的量子门线路符号、量子寄存器或量子线路的 n 个量子比特 $q_0, q_1, \cdots, q_{n-1}$,其量子态记为 $|q_{n-1} \cdots q_0\rangle$,其中 q_{n-1} 为高位,q_0 为低位。

5.2.4　量子线路的单步调试

对量子线路进行单步调试依赖于模拟器。单步调试功能用来逐步查看量子态的演化过程。

在菜单栏(图 5.3 的区域①)选择 Inspect 选项可对当前显示的量子线路进行单步调试。图 5.7 所示为单步调试的用户界面,加载的量子线路为例 5.1 中的 CH5-1.qasm。单击控制面板上的左右箭头符号可令量子线路上的蓝色框左右移动。蓝色框标示了当前选中的量子门,实时可视化分析工具将显示当前量子门作用后的线路状态,其中的各类视图也会随之发生变化。

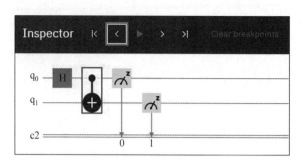

图 5.7　单步调试界面

5.2.5　结果实时可视化与分析

实时可视化区域（Live Visualizations）出现在 Quantum Composer 工作区底部的窗口中（图 5.3 的区域⑧），它显示的是当前量子线路的实时状态，提供了状态向量视图（Statevector View）、测量概率视图（Probabilities View）和 Q 球视图（Q-sphere View）等结果可视化分析工具。在菜单栏的 View 选项中可选择或取消相关的视图。

在真机上运行时，实时可视化分析工具不起作用。下面介绍 Bell 态观测量子线路在 ibmq_qasm_simulator 模拟器上运行后的实时可视化分析视图。实时结果反映的是图 5.7 所示的 Bell 线路。该线路的初态为 $|00\rangle$，生成纠缠态 $|\Phi^+\rangle = (|00\rangle + |11\rangle)/\sqrt{2}$。单步调试时，断点位于 CNOT 门上的量子线路的状态。

1. 状态向量视图

图 5.8 所示为 Statevector 视图中的量子态及其振幅的直方图。横轴为计算基态，纵轴表示各计算基态的振幅值。该图表明：结果中仅出现了 $|00\rangle$ 和 $|11\rangle$，各自的振幅约为 0.707。

图 5.9 为状态向量视图中的另一部分，位于图 5.8 所示的直方图的下方。左图用色轮的颜色表示相位角，与图 5.8 所示的直方图配合使用，用颜色区分直方图各状态的相位角。对照色轮，可知图 5.8 所示的直方图中的 $|00\rangle$ 和 $|11\rangle$ 的相位角均为 0。图 5.9 的右图中显示的 Bell 态 $|\Phi^+\rangle$ 的状态向量为 $[0.707 + 0j, 0 + 0j, 0 + 0j, 0.707 + 0j]$。

格式说明：IBM Quantum Composer 的界面或 Quantum Lab 代码运行结果中输出的量子态状态向量会将各分量的格式显示为 a+bj(a,b 为实数)，其表示复数 a+bi(a,b 为实数)；下文中，在用数学原理描述量子态状态向量时，其分量采用 a+bi(a,b 为实数)的格式，但在说明软件界面输出或代码运

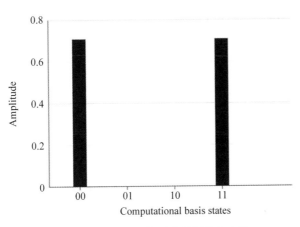

图 5.8　量子态及其对应的幅值直方图

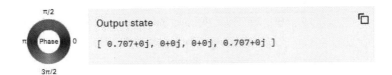

图 5.9　色轮与状态向量

行结果时,将直接采用系统输出结果,以保证书中内容与软件界面的显示或代码输出的运行结果一致,从而便于读者验证代码、调试与运行结果。

当前版本的 Quantum Composer 中的状态向量视图支持显示的最大量子比特数为 6。

2. 测量概率视图

图 5.10 所示的测量概率视图为量子态及其测量概率的直方图。纵轴为计算基态,横轴表示各计算基态下测量得到的概率。根据窗口的大小,横轴与纵轴会变换位置,概率值等于振幅值的平方。该图表明:结果中仅出现了 $|00\rangle$ 和 $|11\rangle$,各自的概率约为 50%。

对 $|\Phi^+\rangle = (|00\rangle + |11\rangle)/\sqrt{2}$ 重复进行测量,计算基态 $|00\rangle$ 和 $|11\rangle$ 的测量概率分别为

$$\begin{cases} p_{00} = |\langle 00|\psi\rangle|^2 = |1/\sqrt{2}|^2 = 1/2 = 50\% \\ p_{11} = |\langle 11|\psi\rangle|^2 = |1/\sqrt{2}|^2 = 1/2 = 50\% \end{cases} \tag{5.2}$$

当前版本的 Quantum Composer 中的测量概率视图支持显示的最大量子比特数为 8。

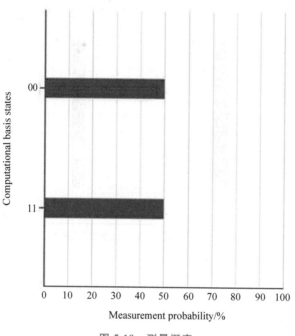

图 5.10　测量概率

3. Q 球视图

在图 5.11 所示的 Q 球视图中,球面上的节点表示单比特或多比特系统的计算基态。每个节点的半径与其处于相应计算基态的概率呈正比。每个节点的颜色表示其相位。全 0 的基态 $|0\cdots0\rangle$ 位于 Q 球的北极,全 1 的基态 $|1\cdots1\rangle$ 位于 Q 球的南极,其他基态位于球面的其他位置。

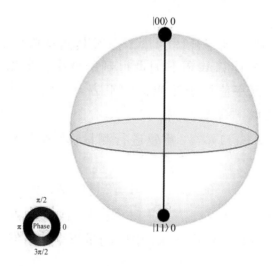

图 5.11　Q 球示意

$|\Phi^+\rangle$ 中没有基态 $|01\rangle$ 和 $|10\rangle$，所以此处的 Q 球上没有显示这两个态。态 $|00\rangle$ 位于 Q 球的北极点上，态 $|11\rangle$ 位于 Q 球的南极点上。节点的半径相等表明两者的振幅值相等。从每个点的颜色可以看出 $|00\rangle$ 和 $|11\rangle$ 的相位角均为 0。

当前版本的 Quantum Composer 中的 Q 球视图支持显示的最大量子比特数为 5。需要注意的是，单量子比特系统的 Q 球不是 Bloch 球。

5.2.6　模拟器运行

一个量子线路通常建议先在模拟器上调试通过，再到真机上执行。Quantum Composer 提供的模拟器有 ibmq_qasm_simulator、simulator_statevector、simulator_stabilizer、simulator_mps 和 simulator_extended_stabilizer 等，可根据自己的需要选择。

这里选用模拟器 ibmq_qasm_simulator 执行 5.2.2 节创建的量子线路，步骤如下。

(1) 指定后端(backend)和线路运行次数(shots)

单击 Setup and Run（图 5.3 的区域②），出现 Step1：System and Simulator 和 Step2：Settings 两个列表栏。

Step1 中的 backend 指定为 ibmq_qasm_simulator。

Step2 中的 shots* 表示量子线路重复执行的次数；"*"代表必须给出的参数，设定为 1000。

Step2 中还可以在 Job name 栏为自己当前的工作任务取一个名字，中英文均可。

设定参数后，在右下角单击 Run 按钮，提交本次 Job。提交的 Job 将进入指定后端的等待队列等候调度执行。

(2) 结果查看

单击 Composer Jobs（图 5.3 的区域⑦），从列表中选择工作任务进行查看。

图 5.12 以直方图的形式给出了运行结果（初态为 $|00\rangle$）。结果表明，在模拟器 ibmq_qasm_simulator 上执行 1000 次 Bell 态观测量子线路后，得到 $|00\rangle$ 和 $|11\rangle$ 的次数各为 500。实测时，$|00\rangle$ 和 $|11\rangle$ 对应的数值可能会出现小幅的波动，但概率分别接近 50%。由于模拟器没有噪声干扰，因此不会出现 $|01\rangle$ 和 $|10\rangle$。

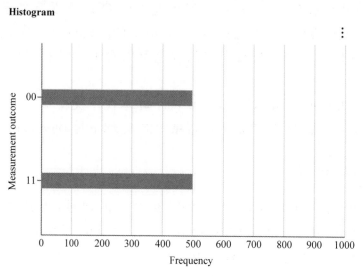

图 5.12　模拟器运行结果

5.2.7　远程实体机运行

当前 Quantum Composer 可用的真机有 ibmq_manila、ibmq_bogota、ibmq_armonk、ibmq_lima 和 ibmq_16_melbourne 等。不同时期 IBM 开放的在线真机列表会有所区别,不同真机的物理量子比特数和拓扑也有区别,具体信息可通过 See details 查看。

要想让一个量子线路在远程实体机上运行,其步骤与 5.2.6 节描述的模拟器运行一致,差别仅在于 Step1:System and Simulator 指定一台真机作为运行后端。图 5.13 使用的是名为 ibmq_manila 的量子计算机执行的结果(初态为 $|00\rangle$),1000 次重复执行后测得 $|00\rangle$、$|01\rangle$、$|10\rangle$ 和 $|11\rangle$ 的次数分别为 485、17、55 和 443,对应的概率分别为 48.5%、0.17%、0.55% 和 44.3%。因为真机在运行时会受到噪声干扰,所以结果中不仅有 $|00\rangle$ 和 $|11\rangle$,还以较小的概率出现了 $|01\rangle$ 和 $|10\rangle$。

在结果中还可看到,原始量子线路和等价的转译线路(Transpiled circuit)。转译线路是在后端真正被执行的量子线路。IBM 量子云平台包含的编译器(compiler)能根据后端的实际情况(真实量子计算机上的物理量子比特的质量差别和拓扑方式等)自动转译和优化当前加载的量子线路。

图 5.14 给出了结果界面中的转译线路。

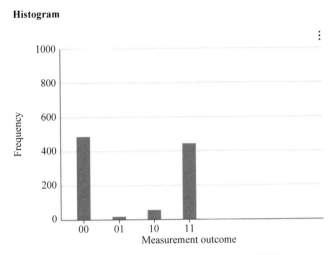

图 5.13　ibmq_16_melbourne 上的运行结果

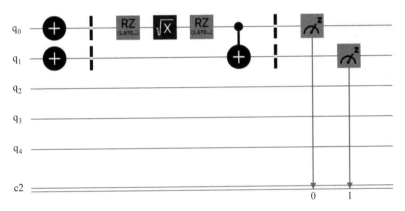

图 5.14　转译线路

该转译线路的 OpenQASM 代码如下。

```
#CH5-5.qasm:基于自定义门的Bell态观测(转译线路)

OPENQASM 2.0;
Include "qelib1.inc";


qreg q[5];
creg c[2];


x q[0];
```

```
x q[1];

barrier q[0], q[1];
rz(1.5707963267948966) q[0];
sx q[0];
rz(1.5707963267948966) q[0];
cx q[0], q[1];
barrier q[0], q[1];
measure q[0] -> c[0];
measure q[1] -> c[1];
```

5.3   量子逻辑门

经典基本逻辑门有 NOT、AND、XOR、OR 和 NAND 等。相应地，也有对应功能的量子逻辑门。量子 NOT 门可由单量子比特 X 门实现；量子 XOR 门可由双量子比特 CNOT 门实现。本节主要讨论量子 AND 门和量子 OR 门的实现。

5.3.1   经典可逆 AND 门和量子 AND 门

1. 经典可逆 AND 门

可逆计算与不可逆计算的区别在于：可逆计算通过其逆操作可恢复原始输入，而不可逆计算没有这个要求。Bennett 证明了任何经典不可逆计算都可以转换为可逆计算的形式。

图 5.15 所示的经典 AND 门具有两个输入和一个输出，其定义为

$$\text{AND}(x,y) \equiv x \wedge y \equiv \begin{cases} 1 & x=y=1 \\ 0 & \text{其他} \end{cases} \quad x,y \in \{0,1\} \tag{5.3}$$

由于该门的输入和输出数量不相等，因此不能构成可逆门。若将其调整为图 5.16 所示的形式，那么虽然输入和输出数量相同，但依然不可逆，这是因为当 $x=0$ 时，不论 $y=0$ 或 $y=1$，$x \wedge y=0$ 皆成立。在这种情况下，逆操作将无法恢复 y 的原始输入。

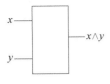
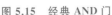

图 5.15　经典 AND 门

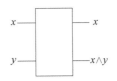

图 5.16　经典 AND 门（2 输入和 2 输出）

图 5.17 所示的经典可逆 AND 门需要有 3 个输入和 3 个输出,其定义为

$$f(x,y,0)\equiv(x,y,x\wedge y) \tag{5.4}$$

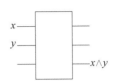

图 5.17　经典可逆 AND 门

经典可逆 AND 门保持前两个比特不变,第 3 个比特初值为 0,保证了可逆性。

2. 量子 AND 门

式(5.4)给出的可逆 AND 门的逻辑功能可归纳为:当 x 和 y 的取值都为 1 时,第 3 位取值发生翻转;否则,第 3 位取值不变。要想实现同样功能的量子门,其矩阵表示为

$$U_{\mathrm{AND}}=(|00\rangle\langle00|+|01\rangle\langle01|+|10\rangle\langle10|)\bigotimes I+|11\rangle\langle11|\bigotimes X \tag{5.5}$$

其酉变换为

$$U_{\mathrm{AND}}|x,y,0\rangle=|x,y,x\wedge y\rangle,x,y\in\{0,1\} \tag{5.6}$$

式(5.5)给出的酉矩阵与 CCNOT 门的酉矩阵一致。因此,量子 AND 门可由 CCNOT 直接实现,如图 5.18 所示。

【例 5.4】　实现自定义门 qand(量子 AND 门),输入 x 和 y 分别位于 q_0 和 q_1,q_2 为输出量子比特。

解:OpenQASM 代码如下。

```
CH5-6.qasm:量子 AND 门


OPENQASM 2.0;
Include "qelib1.inc";
gate qand x, y, qout
```

```
{
ccx x, y, qout;
}
qreg q[3];
qand q[0],q[1],q[2];
```

上述代码的量子线路如图 5.19 所示。

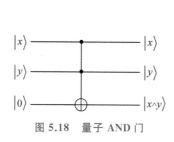

图 5.18　量子 AND 门

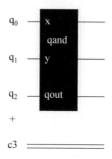

图 5.19　自定义门 qand

5.3.2　经典可逆 OR 门和量子 OR 门

1. 经典可逆 OR 门

OR 门可表示为如下逻辑函数：

$$OR(x,y) \equiv x \vee y \equiv \begin{cases} 0, & x=y=0 \\ 1, & \text{其他} \end{cases} \quad x,y \in \{0,1\} \tag{5.7}$$

因为该函数是不可逆的，故定义如下函数：

$$f(x,y,0) \equiv (\neg x, \neg y, x \vee y), \quad x,y \in \{0,1\} \tag{5.8}$$

虽然该函数的前两个比特 x 和 y 的输出结果是取非，但不影响 OR 门的功能实现。x 和 y 的输出结果取非是因为在构建可逆 OR 门的过程中使用了 Morgan 定理：

$$x \vee y = \neg(\neg x \wedge \neg y) \tag{5.9}$$

要想让 x 和 y 的输出保持不变，可以分别增加非门以将它们还原为初始输入值，其函数定义为

$$f(x,y,0) \equiv (x,y,x \vee y), \quad x,y \in \{0,1\} \tag{5.10}$$

与经典可逆 AND 门类似，经典可逆 OR 门使用 3 个输入和 3 个输出，如图 5.20 所示。

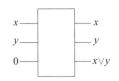

图 5.20　经典可逆 OR 门

2. 量子 OR 门

式(5.9)的量子线路如图 5.21 所示。

若输入态为 $|x,y,0\rangle$，则图 5.21 所示的量子线路的酉矩阵表示为

$$U_{\text{OR}} = |00\rangle\langle11|\otimes X + |01\rangle\langle10|\otimes X + |10\rangle\langle01|\otimes X + |11\rangle\langle00|\otimes I$$

$$(5.11)$$

要想保持 x 和 y 输出不变，可以分别增加非门，如图 5.22 所示。增加非门后，$V_{\text{OR}} = (X\otimes X\otimes I)U_{\text{OR}}$，其实现了式(5.10)的函数功能，即 $V_{\text{OR}}|x,y,0\rangle = |x,y,x\vee y\rangle$。至此，$V_{\text{OR}}$ 与图 5.20 所示的经典可逆 OR 门在数学逻辑上保持了一致。

图 5.21　量子 OR 门（x 和 y 的输出取非）　　　　图 5.22　量子 OR 门

【例 5.5】　实现自定义门 qor（量子 OR 门），输入 x 和 y 分别位于 q_0 和 q_1，q_2 为输出量子比特。

解：OpenQASM 代码如下。

```
CH5-7.qasm:量子OR门

OPENQASM 2.0;
include "qelib1.inc";
gate qor x, y, qout {
  x x;
  x y;
  ccx x, y, qout;
  x x;
  x y;
```

```
    x qout;
}
qreg q[3];
creg c[3];

x q[1];                         //初态设定,测试中根据需要修改
x q[0];                         //初态设定,测试中根据需要修改
barrier q[0],q[1],q[2];
qor q[0],q[1],q[2];
barrier q[0],q[1],q[2];
measure q[0] -> c[0];
measure q[1] -> c[1];
measure q[2] -> c[2];
```

上述代码的量子线路如图 5.23 所示。

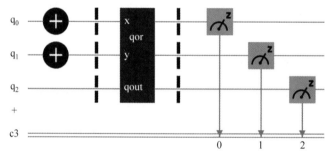

图 5.23　量子 OR 门测试量子线路

5.3.3　量子 AND 和量子 OR 的位扩展

多变量的 AND 或 OR 运算通常一次仅对两个变量进行运算,再将其结果与新增变量做 AND 或 OR 运算。多变量的量子 AND 或 OR 可以使用同样的策略实现。

1. 量子 AND 的位扩展

实现 3 个量子比特的 AND 逻辑量子线路如图 5.24 所示,其中,$|a\rangle$,$|b\rangle$,$|c\rangle$ 为输入变量的量子态;$|\text{tmp}\rangle$ 表示一个初态为 $|0\rangle$ 的辅助量子比特,用来存储中间的运算结果;$|\text{result}\rangle$ 表示最终的输出 $|a \wedge b \wedge c\rangle$。

【例 5.6】　实现 $a \wedge b \wedge c$ 的量子 AND 逻辑的量子线路,输入 a,b 和 c 分

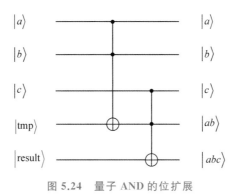

图 5.24 量子 AND 的位扩展

别位于 q_0,q_1 和 q_2,q_3 为辅助量子比特，q_4 为输出量子比特。

解：OpenQASM 代码如下。

```
CH5-8.qasm:量子 AND 门扩展

OPENQASM 2.0;
include "qelib1.inc";
gate qand x, y, qout
{
  ccx x, y, qout;
}
qreg q[5];
creg c[5];
x q[0];                    //初态设定,测试中根据需要修改
x q[1];                    //初态设定,测试中根据需要修改
x q[2];                    //初态设定,测试中根据需要修改
qand q[0],q[1],q[3];
qand q[2],q[3],q[4];
```

上述代码的量子线路如图 5.25 所示。

2. 量子 OR 的位扩展

实现 3 个量子比特 OR 逻辑的量子线路如图 5.26 所示，其中，$|a\rangle$,$|b\rangle$,$|c\rangle$ 为输入变量的量子态；$|\text{tmp}\rangle$ 表示一个初态为 $|0\rangle$ 的辅助量子比特，用来存储中间的运算结果；$|\text{result}\rangle$ 表示最终的输出 $|a \vee b \vee c\rangle$。

【例 5.7】 实现 $a \vee b \vee c$ 的量子 OR 逻辑的量子线路，输入 a,b 和 c 分别位于 q_0,q_1 和 q_2,q_4 为输出量子比特，q_3 为辅助量子比特。

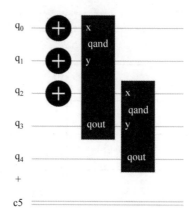

图 5.25　量子 AND 位扩展测试量子线路

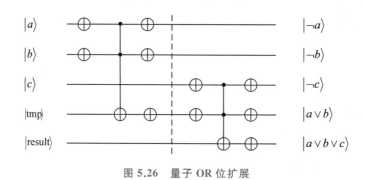

图 5.26　量子 OR 位扩展

解：OpenQASM 代码如下。

```
CH5-9.qasm:量子 OR 门扩展

OPENQASM 2.0;
include "qelib1.inc";
gate qor x, y, qout {
  x x;
  x y;
  ccx x, y, qout;
  x x;
  x y;
  x qout;
}
qreg q[5];
creg c[5];
x q[0];                    //初态设定,测试中根据需要修改
```

```
x q[1];                  //初态设定,测试中根据需要修改
x q[2];                  //初态设定,测试中根据需要修改
barrier q;
qor q[0],q[1],q[3];
qor q[2],q[3],q[4];
barrier q;
```

上述代码的量子线路如图 5.27 所示。

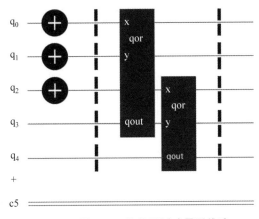

图 5.27　量子 OR 位扩展测试量子线路

5.4　量子加法器

5.4.1　经典单比特加法器

经典单比特加法器的功能定义如图 5.28 所示,包含三个输入 a_i,b_i,c_i 及两个输出 s_i 和 c_{i+1}。其中,a_i 和 b_i 为待相加的比特位,c_i 为上一级产生的进位;相加后的结果存储在 s_i 和进位 c_{i+1} 中。输出和输入的对应关系为

$$s_i = a_i \oplus b_i \oplus c_i \tag{5.12}$$

$$c_{i+1} = a_i b_i \oplus b_i c_i \oplus a_i c_i \tag{5.13}$$

该加法器是不可逆的,这是因为其输入和输出的位数不相等,所以无法实现复原操作。为了实现可逆,需要增加一个输出 $a_i{}'$,使 $a_i{}' = a_i$。可逆单比特加法器的功能定义如图 5.29 所示。

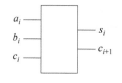

图 5.28   经典单比特加法器

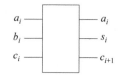

图 5.29   可逆单比特加法器

5.4.2   量子全加器模型

1. n 位量子全加器功能要求

本节的 n 位量子全加器设计模型来自文献[6]，仅需两个辅助比特位，使用 $4n+O(1)$ 个 CNOT 门和 $2n+O(1)$ 个 Toffoli 门实现 n 位量子比特的加法操作。该全加器模型包含两个重要的基本组件：MAJ 单元和 UMA 单元。

输入：

① 量子寄存器 a 存储被加数，$|a\rangle = |a_{n-1}\cdots a_0\rangle$，$a_{n-1}$ 表示高阶位，a_0 表示低阶位；

② 量子寄存器 b 存储加数，$|b\rangle = |b_{n-1}\cdots b_0\rangle$，$b_{n-1}$ 表示高阶位，b_0 表示低阶位；

③ 辅助量子比特 $|c_0\rangle$ 和 $|cout\rangle$ 均初始化为 $|0\rangle$。

输出：

① 量子寄存器 b 输出和的结果 $|s\rangle$，$|s\rangle = |s_{n-1}\cdots s_0\rangle$，$s_{n-1}$ 表示高阶位，s_0 表示低阶位；

② $|cout\rangle$ 输出溢出标志位，表示第 $n-1$ 位上的求和进位；

③ 量子寄存器 a 输出其初值。

2. MAJ 单元

MAJ 单元的功能定义如图 5.30 所示。MAJ 单元包含三个输入 $|a_i\rangle$，$|b_i\rangle$，$|c_i\rangle$，以及三个输出 $|c_{i+1}\rangle$，$|a_i\oplus b_i\rangle$，$|a_i\oplus c_i\rangle$。其中，$|c_{i+1}\rangle$ 被定义为三个输入两两相乘再相加的结果，通过转换可以得到如下等价形式：

$$\begin{aligned}
|c_{i+1}\rangle &= |a_ib_i\oplus b_ic_i\oplus c_ia_i\rangle \\
&= |a_i\oplus a_ia_i\oplus a_ib_i\oplus b_ic_i\oplus c_ia_i\rangle \\
&= |a_i\oplus(a_i\oplus c_i)(a_i\oplus b_i)\rangle
\end{aligned} \tag{5.14}$$

MAJ 的内部量子线路如图 5.31 所示，包含两个 CNOT 门和一个

Toffoli 门。

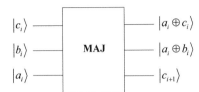

图 5.30　MAJ 单元功能模型

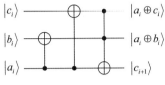

图 5.31　MAJ 单元内部实现

设定初始输入为 $|a_i,b_i,c_i\rangle$，MAJ 单元中自左往右各门的态演化为

　　CNOT：$|a_i,b_i,c_i\rangle \rightarrow |a_i,a_i\oplus b_i,c_i\rangle$

　　CNOT：$|a_i\oplus c_i,b_i,c_i\rangle \rightarrow |a_i\oplus c_i,a_i\oplus b_i,c_i\rangle$

　　CCNOT：$|a_i\oplus c_i,a_i\oplus b_i,c_i\rangle \rightarrow |a_i\oplus c_i,a_i\oplus b_i,c_{i+1}\rangle$

3. UMA 单元

UMA 单元的功能定义如图 5.32 所示。

图 5.33 给出了 UMA 的内部量子线路。UMA 单元以 MAJ 单元的输出作为输入，使用两个 CNOT 门和一个 CCNOT 门实现。

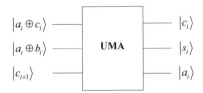

图 5.32　UMA 单元功能模型

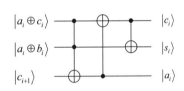

图 5.33　UMA 单元内部实现

设定初始输入为 $|a_i\oplus c_i,a_i\oplus b_i,c_{i+1}\rangle$，UMA 单元自左往右各门的态演化为

　CCNOT：$|a_i\oplus c_i,a_i\oplus b_i,c_{i+1}\rangle \rightarrow |a_i\oplus c_i,a_i\oplus b_i,a_i\rangle$

　CNOT：$|a_i\oplus c_i,a_i\oplus b_i,a_i\rangle \rightarrow |c_i,a_i\oplus b_i,a_i\rangle$

　CNOT：$|c_i,a_i\oplus b_i,a_i\rangle \rightarrow |c_i,s_i,a_i\rangle$，其中，$|s_i\rangle = |a_i\oplus b_i\oplus c_i\rangle$

4. 4 位量子全加器的量子线路

图 5.34 给出了 4 位量子全加器的量子线路。

（1）MAJ_i 单元外联方式

MAJ_i 的输出 $|a_i\oplus c_i\rangle \rightarrow \text{UMA}_i$ 的输入 $|a_i\oplus c_i\rangle$；

MAJ_i 的输出 $|a_i\oplus b_i\rangle \rightarrow \text{UMA}_i$ 的输入 $|a_i\oplus b_i\rangle$；

MAJ_i 的输出 $|c_{i+1}\rangle \rightarrow \text{MAJ}_{i+1}$ 的输入 $|c_{i+1}\rangle$，$i\in\{1,2,\cdots,n-2\}$；

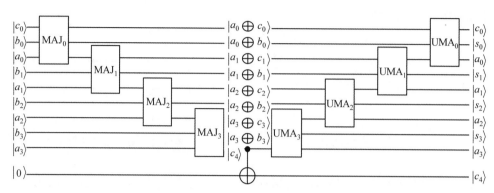

图 5.34 4 位量子全加器的量子线路

特殊地，MAJ_{n-1} 的输出 $|c_n\rangle \longrightarrow UMA_{n-1}$ 的输入 $|c_n\rangle$。

（2）UMA_i 单元外联方式

UMA_i 输出 $|c_i\rangle \rightarrow UMA_{i-1}$ 的输入 $|c_i\rangle$；

UMA_i 输出 $|s_i\rangle \rightarrow$ 直接输出，与初始输入 $|b_i\rangle$ 在同一量子比特上；

UMA_i 输出 $|a_i\rangle \rightarrow$ 直接输出，还原回 $|a_i\rangle$ 初始值，$i\in\{1,2,\cdots,n-1\}$；

特殊地，UMA_0 输出 $|c_0\rangle \rightarrow$ 直接输出，还原回 $|c_0\rangle$ 初始值（$|0\rangle$）。

（3）溢出标志位的表示

MAJ_{n-1} 输出 $|c_n\rangle$，然后通过 CNOT 操作复制到 $|cout\rangle$（溢出标志位）。

5.4.3 4 位量子全加器的实现

1. 4 位量子全加器的 OpenQASM 代码

功能：求 $a+b$，a 和 b 是一个二进制的 4 位整数。

输入：量子寄存器 qreg a[4]——被加数，初值置为 1；

　　　量子寄存器 qreg b[4]——加数，初值置为 15。

输出：qreg b[4] 为求和结果，cout [0] 为溢出标志位。

CH5-10.qasm:4 位量子全加器

```
OPENQASM 2.0;
include "qelib1.inc";
gate maj a, b, c
{
  cx c,b;
```

```
    cx c,a;
    ccx a,b,c;
}
gate uma a,b,c
{
    ccx a,b,c;
    cx c,a;
    cx a,b;
}
qreg cin[1];
qreg a[4];
qreg b[4];
qreg cout[1];
creg ans[5];
// a 和 b 赋值
x a[0];                          //a = 0001
x b;                             //b = 1111
// 求和
maj cin[0],b[0],a[0];
maj a[0],b[1],a[1];
maj a[1],b[2],a[2];
maj a[2],b[3],a[3];
cx a[3],cout[0];
uma a[2],b[3],a[3];
uma a[1],b[2],a[2];
uma a[0],b[1],a[1];
uma cin[0],b[0],a[0];
measure b[0] -> ans[0];
measure b[1] -> ans[1];
measure b[2] -> ans[2];
measure b[3] -> ans[3];
measure cout [0]-> ans[4];
```

2. 代码分析

(1) 量子寄存器和经典寄存器的声明

声明两个量子寄存器 qreg a[4] 和 qreg b[4] 存储两个加数，每个量子寄存器各有 4 个量子比特。声明两个辅助寄存器 qreg cin[1] 和 qreg cout[1]，量子比特 cin[0] 为 MAJ_0 的 c_0，量子比特 cout[0] 为溢出标志位；声明一个经典寄存器 creg ans[5]，用于测量结果的输出。

(2) MAJ 门的构建

创建自定义 MAJ 门的代码如下。

```
gate maj a, b, c
{
  cx c, b;
  cx c, a;
  ccx a,b, c;
}
```

添加如图 5.34 所示的量子线路中的 $MAJ_0 \sim UMA_3$，代码如下。

```
maj cin[0],b[0],a[0];
maj a[0],b[1],a[1];
maj a[1],b[2],a[2];
maj a[2],b[3],a[3];
```

(3) UMA 门的构建

构建 UMA 门的代码如下。

```
gate uma a, b, c
{
  ccx a, b, c;
  cx c, a;
  cx a, b;
}
```

添加如图 5.34 所示的量子线路中的 $UMA_0 \sim UMA_3$，代码如下。

```
uma a[2],b[3],a[3];
uma a[1],b[2],a[2];
uma a[0],b[1],a[1];
uma cin[0],b[0],a[0];
```

（4）两个加数寄存器赋初值

设定两个 4 位的加数 $a=1$ 和 $b=15$，代码如下。

```
// set input states
x a[0];                 //a = 0001
x b;                    //b = 1111
```

（5）溢出标志位的处理

将 MAJ_3 的进位复制到辅助比特 cout[0] 上，代码如下。

```
cx a[3],cout[0];
```

（6）测量输出结果

UMA_i 还原量子寄存器 qreg a[4] 和 qreg cin[1] 中的各量子比特，将计算结果保存到量子寄存器 qreg b[4] 中。测量量子寄存器 qreg b[4] 和 qreg cout[0]，得到加法结果，代码如下。

```
measure b[0] -> ans[0];
measure b[1] -> ans[1];
measure b[2] -> ans[2];
measure b[3] -> ans[3];
measure cout[0] -> ans[4];
```

3. Quantum Composer 中的量子线路及转译线路

图 5.35 为 4 位量子全加器的 OpenQASM 代码（CH5-10.qasm：4 位量子全加器）在 Quantum Composer 中显示的量子线路。

4 位量子全加器的转译线路如图 5.36 所示。

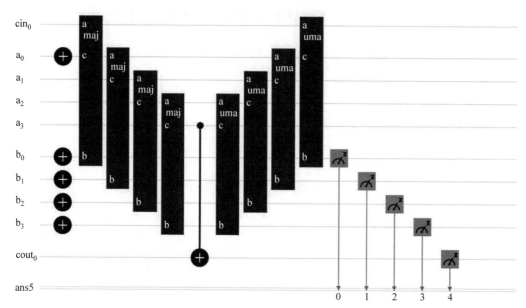

图 5.35　Quantum Composer 显示的 4 位量子全加器的量子线路

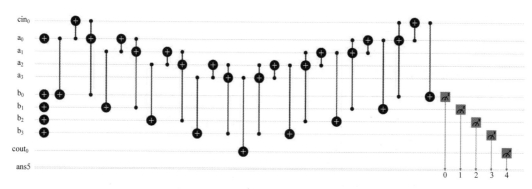

图 5.36　4 位量子全加器的转译线路

图 5.36 所示的转译线路的 OpenQASM 代码如下。

```
CH5-11.qasm: 4位量子比特全加器转译线路

OPENQASM 2.0;
include "qelib1.inc";

qreg cin[1];
qreg a[4];
qreg b[4];
```

```
qreg cout[1];
creg ans[5];

x a[0];
x b[0];
cx a[0], b[0];
cx a[0], cin[0];
ccx cin[0], b[0], a[0];
x b[1];
cx a[1], b[1];
cx a[1], a[0];
ccx a[0], b[1], a[1];
x b[2];
cx a[2], b[2];
cx a[2], a[1];
ccx a[1], b[2], a[2];
x b[3];
cx a[3], b[3];
cx a[3], a[2];
ccx a[2], b[3], a[3];
cx a[3], cout[0];
ccx a[2], b[3], a[3];
cx a[3], a[2];
cx a[2], b[3];
ccx a[1], b[2], a[2];
cx a[2], a[1];
cx a[1], b[2];
ccx a[0], b[1], a[1];
cx a[1], a[0];
cx a[0], b[1];
ccx cin[0], b[0], a[0];
cx a[0], cin[0];
cx cin[0], b[0];
measure b[0] -> ans[0];
measure b[1] -> ans[1];
measure b[2] -> ans[2];
measure b[3] -> ans[3];
measure cout[0] -> ans[4];
```

5.5 量子相位反冲

1. 量子相位反冲现象

量子相位反冲(Quantum Phase Kickback)是指在含有受控门的量子线路中作用于目标量子比特上的相位旋转最终将作用于控制量子比特。量子相位反冲在 Deutsch-Josza 算法和 Grover 算法等中起到了非常关键的作用。

观察图 5.37 所示的量子线路中的 CNOT 门,其控制量子比特为 $|+\rangle$,目标量子比特为 $|-\rangle$。式(5.15)和(5.16)分别给出了 CNOT 门作用前后的线路状态。可以看出,CNOT 门执行后,目标量子比特却没有发生变化(仍保持为 $|-\rangle$),而控制量子比特却由 $|+\rangle$ 变成了 $|-\rangle$,相当于控制量子比特的相位发生了变化,因此该实例发生了量子相位反冲现象。

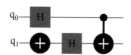

图 5.37 CNOT 门相位反冲分析实例(1)

$$|-+\rangle = \frac{1}{\sqrt{2}}(|0\rangle - |1\rangle) \otimes \frac{1}{\sqrt{2}}(|0\rangle + |1\rangle)$$

$$= \frac{1}{2}(|00\rangle + |01\rangle - |10\rangle - |11\rangle) \tag{5.15}$$

$$\text{CNOT}|-+\rangle = \frac{1}{2}\text{CNOT}(|00\rangle + |01\rangle - |10\rangle - |11\rangle)$$

$$= \frac{1}{2}(|00\rangle + |11\rangle - |10\rangle - |01\rangle)$$

$$= \frac{1}{2}(|00\rangle - |01\rangle - |10\rangle + |11\rangle)$$

$$= \frac{1}{\sqrt{2}}(|0\rangle - |1\rangle) \otimes \frac{1}{\sqrt{2}}(|0\rangle - |1\rangle) = |--\rangle \tag{5.16}$$

图 5.37 所示的量子线路的 OpenQASM 代码如下。

CH5-12.qasm: CNOT 门相位反冲实例(1)

```
OPENQASM 2.0;
include "qelib1.inc";
qreg q[2];
h q[0];
x q[1];
h q[1];
cx q[0], q[1];
```

【例 5.8】　请分析图 5.38 所示的量子线路是否会发生量子相位反冲现象。

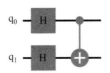

图 5.38　CNOT 门相位反冲分析实例(2)

解：观察 CNOT 门，其控制量子比特与目标量子比特的态均为 $|+\rangle$。式(5.17)和(5.18)分别给出了 CNOT 门执行前后的线路状态。可见，该线路中的 CNOT 门没有引起线路状态的变化。所以，该量子线路没有发生量子相位反冲现象。

$$|++\rangle = 1/2(|00\rangle + |01\rangle + |10\rangle + |11\rangle) \tag{5.17}$$
$$\mathrm{CNOT}|++\rangle = 1/2(|00\rangle + |01\rangle + |10\rangle + |11\rangle) \tag{5.18}$$

图 5.38 所示的量子线路的 OpenQASM 代码如下。

CH5-13.qasm: CNOT 门相位反冲实例(2)

```
OPENQASM 2.0;
include "qelib1.inc";
qreg q[2];
h q[0];
h q[1];
cx q[0], q[1];
```

2. CP 门的相位反冲现象

除了 CNOT 门，其他控制门(如 CP 门等)也会导致相位反冲。

【例 5.9】 分析并说明图 5.39 所示的量子线路中的 CP 门引起的相位反冲现象。

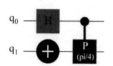

图 5.39 CP 门相位反冲

解：P 门作用一个相位 $e^{i\lambda}$ 到计算基态 $|1\rangle$ 上。CP 门（Controlled-P）的功能为：当控制量子比特为 $|1\rangle$ 时，目标量子比特作用一个相位 $e^{i\lambda}$ 到基态 $|1\rangle$ 上。由式(3.32)可知，λ 为 $\pi/4$ 的 P 门等价于 T 门。因此，图 5.39 中的 CP 门等价于 CT 门。

T 门的矩阵形式为

$$T = \begin{bmatrix} 1 & 0 \\ 0 & e^{i(\pi/4)} \end{bmatrix} \tag{5.19}$$

受控 T 门的低位 q_0 为控制量子比特，其矩阵形式为

$$\text{Controlled-T} = \begin{bmatrix} 1 & 0 & 0 & 0 \\ 0 & 1 & 0 & 0 \\ 0 & 0 & 1 & 0 \\ 0 & 0 & 0 & e^{i(\pi/4)} \end{bmatrix} \tag{5.20}$$

式(5.21)和(5.22)给出了 CT 门作用前后的线路状态，即

$$|1+\rangle = |1\rangle \otimes \frac{1}{\sqrt{2}}(|0\rangle + |1\rangle) = \frac{1}{\sqrt{2}}(|10\rangle + |11\rangle) \tag{5.21}$$

$$\text{Controlled-T}|1+\rangle = \frac{1}{\sqrt{2}}(|10\rangle + e^{i\pi/4}|11\rangle)$$

$$= |1\rangle \otimes \frac{1}{\sqrt{2}}(|0\rangle + e^{i\pi/4}|1\rangle) \tag{5.22}$$

可见，对 $|1+\rangle$ 做受控 T 门操作后，目标量子比特保持不变，控制量子比特的相位角由 0 变为 $\pi/4$。

图 5.39 所示的量子线路的 OpenQASM 代码如下。

```
CH5-14.qasm: CT 门相位反冲实例

OPENQASM 2.0;
include "qelib1.inc";
```

```
qreg q[2];
h q[0];
x q[1];
cp(pi/4) q[0], q[1];
```

小　结

OpenQASM 是目前普遍使用的量子汇编指令语言。本章通过 Bell 态观测实验介绍了基于 OpenQASM 语言进行量子线路设计和调试的相关知识——OpenQASM 量子线路代码的基本结构、自定义门、单步调试、模拟器运行、远程实体机运行与结果可视化分析等,并通过量子逻辑门和量子加法器的设计实例进一步加深了对量子线路设计的学习,最后阐述了量子线路中的一个重要现象——量子相位反冲。

本章的重点是基于 OpenQASM 语言的量子线路设计、调试和分析。

习　题

1. 两个量子门分别对应算子 A 和 B,分别作用于量子比特 $|x\rangle$ 和 $|y\rangle$ 上。求证组合后的线路也是幺正变换,即 $A|x\rangle \otimes B|y\rangle = (A \otimes B)|xy\rangle$,求证 $A \otimes B$ 是酉操作。

2. 设计并实现量子 AND 门。

3. 实现 4 位量子比特的 AND 逻辑的量子线路的设计。

4. 实现 4 位量子比特的 OR 逻辑的量子线路的设计。

5. 完成 5 位量子加法器的实验。

6. 实现以下量子线路,针对 8 种不同初态分别给出结果,并分析该量子线路的功能。

7. 用量子 AND 和 OR 门构造如下 3SAT 问题的量子线路:$(a \vee b \vee \neg c) \wedge (a \vee b \vee c) \wedge (a \vee \neg b \vee c)$。

8. 在 Quantum Composer 中实现 4 位量子全加器,并测试其正确性。

9. 判断对错并给出分析:对任意的控制酉门,当控制量子比特处在叠加态时,一定会发生相位反冲现象。

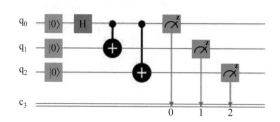

10. 分别给出以下 OpenQASM 代码的量子线路,给出最终的线路状态,并分析线路是否发生了量子相位反冲现象。

(1) OpenQASM 代码 1

```
OPENQASM 2.0;
include "qelib1.inc";
qreg q[2];
h q[0];
cp(-pi/2) q[0],q[1];
```

(2) OpenQASM 代码 2

```
OPENQASM 2.0;
include "qelib1.inc";
qreg q[2];
h q[0];
x q[1];
cp(-pi/2) q[0],q[1];
```

(3) OpenQASM 代码 3

```
OPENQASM 2.0;
include "qelib1.inc";
qreg q[2];
x q[0];
x q[1];
cp(pi/4) q[0],q[1];
```

第6章

基于 Python 的量子程序设计

本章核心知识点：
- ☐ Qiskit 量子程序代码框架
- ☐ 模拟器运行
- ☐ 实体机运行
- ☐ 量子态可视化
- ☐ 量子态初态制备
- ☐ 量子比特态测量

6.1　IBM 量子程序开发套件

6.1.1　Qiskit 总体架构

Qiskit 是 IBM 公司研发的开放源代码的量子计算软件开发框架，其四大组成如下。

1. Terra

Terra 是 Qiskit 的底层基础模块，它可以让程序员在量子线路和脉冲级别编写量子程序，针对特定设备的约束进行代码优化、管理和调度远程设备完成批量任务。Terra 还提供了脉冲调度和后端通信等的高效处理。

Terra 包含以下六部分内容。

Quantum Circuits：提供对量子线路的构建、执行和测量等工作的支撑，测量结果会被映射到经典寄存器中。

Transpiler：当在真实设备上运行量子线路时，实验误差和退相干等会引起计算错误；为了获得可靠的实现，必须减少量子线路的门数和总运行时间;转译器(transpiler)可针对后端设备的实际信息生成更鲁棒的等价量子线路。

Tools:提供一组能够让 Terra 的使用变得更简单的工具,它提升了针对特定后端自动优化量子线路的能力,包含的编译器(compiler)能通过转译器将一组量子线路映射到一个 qobj(quantum object)上,然后在后端运行;它还具有监视作业和后端、并行转译任务等功能。

Backends and Results:为量子线路在后端的执行提供支持,共有四个部分,分别为①Provider 负责给出所有可用后端的列表,并从中指定一个执行;②Backend 负责运行量子线路并返回结果,其可以是一个模拟器或者一台真实的量子计算机;③Job 负责作业任务的管理;④Result 负责保留最终结果供进一步分析。

Quantum_Information:为在量子计算机上执行更高级的算法和线路分析提供支持,如创建超算符和量子信道等。

Visualization Tools:丰富的可视化工具可帮助用户快速检查量子线路及其执行结果的正确性。

2. Aer

Aer 提供了开发量子算法和应用所需的模拟器、仿真器和调试器,包含三种高性能模拟器后端:Qasm Simulator、Statevector Simulator 和 Unitary Simulator。Aer 还提供了噪声模型的构建工具,以仿真(模拟)在真机设备上运算时产生的噪声。

3. Ignis

Ignis 为消除噪声和执行错误提供系列工具和方法,如层析成像(tomography)等。Ignis 提供的众多例程包括噪声参数($T1$、$T2^*$、$T2$ 等)测量、量子体积测定、随机基准测试(RB)和门保真度测定等。

4. Aqua

Aqua 用于构建化学、优化、金融和人工智能等领域的量子算法和应用。

6.1.2 Qiskit 的安装

本书使用的 Qiskit 的版本为 0.33.1。Qiskit 在不断升级发展中,不同版本的安装要求和安装过程会有所区别。

1. 安装要求

Qiskit 安装要求的软件基本配置如下。
① Python 3.6 及以上版本。
② 64 位操作系统：Ubuntu 16.04、macOS 10.12.6、Windows 7 及以上。
③ 基础函数库：Numpy-1.19.3 和 matplotlib。

2. 安装 Qiskit

推荐使用 Python 虚拟环境以更好地区分不同应用并提高使用体验。
① 下载并安装 Anaconda 3。
② 用 conda 创建一个虚拟环境。

```
conda create -n name_of_my_env python=3.6
```

③ 激活刚才创建的虚拟环境。

```
conda activate name_of_my_env
```

④ 安装 Qiskit。

```
pip install qiskit
```

⑤ 如果想使用可视化功能或 JupyterNotebook，则建议安装带有可视化附加要求的 Qiskit。

```
pip install qiskit [visualization]
```

6.2　Qiskit 量子程序代码框架

Qiskit 量子程序代码框架主要实现以下四个功能：
① 量子线路的创建与绘制执行（详见 6.2.1 节）；
② 编译量子线路（详见 6.2.2 节）；
③ 在后端运行量子线路（模拟器或后台真实的量子计算机）（详见 6.2.3

节）；

④ 结果可视化与分析（详见 6.2.4 节）。

本节建议使用的开发平台为 IBM 量子云平台中的 Quantum Lab，所有样例代码均在该平台测试运行。

本节以图 5.1 所示的 Bell 态观测量子线路为例，说明一个 Qiskit 量子程序的代码框架。

【例 6.1】 编程实例：创建并输出 Bell 态观测量子线路，在模拟器上执行 1000 次，以文本和直方图的形式给出运行结果。

解：

代码如下。

```
#CH6-1.ipynb: Qiskit 量子程序代码框架

#导入库函数
from qiskit import(QuantumCircuit,execute,Aer)
from qiskit.visualization import plot_histogram
#创建量子线路
circuit = QuantumCircuit(2,2)
circuit.h(0)
circuit.cx(0,1)
circuit.measure([0,1],[0,1])
circuit.draw(output='mpl')
#模拟器运行
simulator = Aer.get_backend('qasm_simulator')
compiled_circuit = transpile(circuit, simulator)
job = simulator.run(compiled_circuit, shots=1000)
#结果输出
result = job.result()
counts = result.get_counts(circuit)
print("\nTotal count for 00 and 11 are:",counts)
plot_histogram(counts)
```

上述代码在模拟器 Qasm Simulator 上的运行结果如下。

① 显示输出图 6.1 所示的量子线路图。

② 显示文本方式的执行结果，量子线路重复执行 1000 次，测得'00'的次数为 484，测得'11'的次数为 516。

```
Total count for 00 and 11 are: {'00': 484, '11': 516}
```

③ 显示图 6.2 所示的统计结果的直方图,测量到'00'和'11'的概率分别为 0.484 和0.516,标志着已经成功制备出 Bell 态。

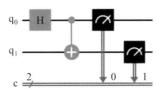

图 6.1　量子线路输出

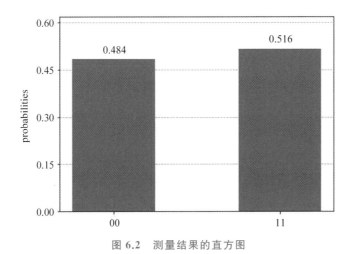

图 6.2　测量结果的直方图

在较早版本的 Qiskit 中,不需要对执行量子线路进行编译,指定后端之后用 execute()执行量子线路即可。当前的 Qiskit 版本仍支持这种老的代码框架,此框架下的代码如下。

```
#CH6-2.ipynb:Qiskit 量子程序代码框架(不编译量子线路的执行方式)

#导入库函数
from qiskit import(QuantumCircuit,execute,Aer)
from qiskit.visualization import plot_histogram
#创建量子线路
circuit = QuantumCircuit(2,2)
circuit.h(0)
```

```
circuit.cx(0,1)
circuit.measure([0,1],[0,1])
circuit.draw(output='mpl')
#模拟器运行
simulator = Aer.get_backend('qasm_simulator')
job = execute(circuit,simulator,shots=1000)
#结果输出
result = job.result()
counts = result.get_counts(circuit)
print("\nTotal count for 00 and 11 are:",counts)
plot_histogram(counts)
```

6.2.1 量子线路的创建与绘制

Qiskit 创建与绘制量子线路的主要步骤如下。

（1）导入必要的库

```
from qiskit import(QuantumCircuit,transpile,execute,Aer)
from qiskit.visualization import plot_histogram
```

为了创建量子线路，需要导入 QuantumCircuit；为了编译和运行线路，需要导入 transpile、execute 和 Aer；为了可视化，需要导入 qiskit.visualization。

（2）创建并初始化量子线路

```
circuit = QuantumCircuit(2,2)
```

QuantumCircuit 创建并初始化了一个名为 circuit 的量子线路，该量子线路包含两个量子比特（分别初始化为 $|0\rangle$）和两个经典比特（分别初始化为 0）。

（3）添加逻辑门

```
circuit.h(0)
circuit.cx(0,1)
circuit.measure([0,1],[0,1])
```

circuit.h(0)：在 $q[0]$ 上添加一个 H 门。

circuit.cx(0,1)：添加一个受控 CX 门，$q[0]$ 为控制量子比特，$q[1]$ 为目

标量子比特,使两个量子比特处于纠缠状态。

circuit.measure([0,1],[0,1]):对量子线路进行测量,第 i 位量子比特的测量结果将存储到第 i 个经典比特中。

(4)绘制量子线路

```
circuit.draw(output='mpl')
```

此命令显示了图 6.1 所示的量子线路,量子比特按顺序排列,$q[0]$ 在顶部,$q[1]$ 在底部。

6.2.2　编译量子线路

在 Qiskit 中,后端指量子程序实际运行时的后台设备(模拟器或真实的量子计算机)。IBM 公司将其在线可用的后端(各类模拟器和真实的量子计算机等)作为云服务供用户访问,并称这些云服务为 Quantum Services。

Qiskit 内置的量子线路编译器可以根据后端的实际特性等编译提交量子线路,并生成转译线路(transpiled circuit)。transpile() 中的参数 circuit 为 QuantumCircuit() 创建量子线路的标识符,返回参数 compiled_circuit 为编译后转译线路的标识符。

```
simulator = Aer.get_backend('qasm_simulator')
compiled_circuit = transpile(circuit, simulator)
```

6.2.3　量子线路在后端运行

simulator.run() 中的参数 shots 用来指定量子线路重复执行的次数;未指定参数 shots 时,默认为 1024。

```
job = simulator.run(compiled_circuit, shots=1000)
```

6.2.4　结果可视化与分析

result.get_counts(circuit) 是从一个 job 的整体结果中取出标识符为 circuit 的量子线路的运行结果。

```
result = job.result()
counts = result.get_counts(circuit)
print("\nTotal count for 00 and 11 are:",counts) #以文本方式输出
plot_histogram(counts)                          #以直方图方式输出
```

绘制量子线路的函数 circuit.draw() 带有输出控制参数,例如:

```
circuit.draw()     #没有参数时,相当于 circuit.draw(output='text')
circuit.draw(output='latex')   #以 PIL 图像格式(Python 图像库)输出
circuit.draw(output='mpl')      #基于 matplotlib 库函数输出量子线路
circuit.draw(output='latex', reverse_bits=True)
#量子比特或经典比特序号大的在顶部
circuit.draw(output='latex', plot_barriers=False)
#隐藏 barrier 门
```

Qiskit 提供了丰富的结果可视化方式,读者可参阅相关技术手册。6.5 节将介绍布洛赫球的可视化方式。

6.3 模拟器运行

Qiskit Aer 提供的三种高性能模拟器为 Qasm Simulator、Statevector Simulator 和 Unitary Simulator。

语句 simulator = Aer.get_backend('simulator_name') 用于指定作为运行后端的模拟器;当参数 simulator_name 为 qasm_simulator、statevector_simulator 或 unitary_simulator 时,分别指定 Qasm Simulator、Statevector Simulator 或 Unitary Simulator 为运行后端。

6.3.1 Qasm Simulator

Qasm Simulator 也称 OpenQasm Backend,其返回的结果有两种:一种是多次执行的测量统计值,另一种是每次执行的测量值。

若 compile() 或 execute() 设置参数 memory = True(未指定时,默认为 False),则将记录并返回各次测量的实际值。

【例 6.2】 编程实例:在 OpenQasm 后端重复执行 Bell 态观测量子线路 10 次,输出各次的测量值。

解：

代码如下。

```
#CH6-3.ipynb:状态向量模拟器运行


#导入库函数
from qiskit import(QuantumCircuit,execute,Aer)
from qiskit.visualization import plot_state_city
#创建量子线路
circuit = QuantumCircuit(2)
circuit.h(0)
circuit.cx(0,1)
#circuit.measure([0,1],[0,1])     #测量门
#状态向量模拟器运行
simulator = Aer.get_backend('statevector_simulator')
result = execute(circuit,simulator).result()
#结果输出
statevector = result.get_statevector(circuit,decimals=3)
print(statevector)
plot_state_city(statevector)
```

输出结果为['00', '00', '11', '00', '00', '11', '00', '00', '11', '11']。

6.3.2　Statevector Simulator

Statevector Simulator 会在单次执行量子线路后返回末态的状态向量。状态向量是 2^n 维的复数矢量，其中 n 是量子线路包含量子比特的数目。

【例 6.3】　编程实例：基于 Statevector Simulator 给出 Bell 态生成量子线路（初态为 $|00\rangle$）的末态对应的状态向量（状态向量取 3 位有效小数），输出其 plot_state_city 可视化结果并做分析。

解：

代码如下。

```
#结果输出
result = job.result()
```

```
mem = result.get_memory(circuit)
print(mem)
```

输出的状态向量为 $[0.707+0.j\ 0.+0.j\ 0.+0.j\ 0.707+0.j]$。该结果表明得到的末态为 $\frac{1}{\sqrt{2}}(|00\rangle+|11\rangle)$。plot_state_city 的可视化结果如图 6.3 所示。

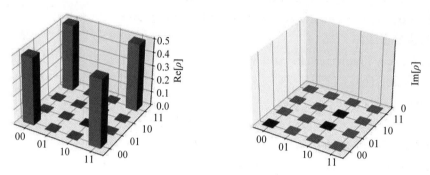

图 6.3　plot_state_city 可视化结果

图 6.3 所示的可视化结果与 $|\Phi^+\rangle=\frac{1}{\sqrt{2}}(|00\rangle+|11\rangle)$ 的密度矩阵一致,即

$$
\begin{aligned}
\rho_{\Phi^+} &= |\Phi^+\rangle\langle\Phi^+| \\
&= \begin{bmatrix} \dfrac{1}{\sqrt{2}} \\ 0 \\ 0 \\ \dfrac{1}{\sqrt{2}} \end{bmatrix} \begin{bmatrix} \dfrac{1}{\sqrt{2}} & 0 & 0 & \dfrac{1}{\sqrt{2}} \end{bmatrix} \\
&= \frac{1}{2}\begin{bmatrix} 1 & 0 & 0 & 1 \\ 0 & 0 & 0 & 0 \\ 0 & 0 & 0 & 0 \\ 1 & 0 & 0 & 1 \end{bmatrix}
\end{aligned}
\tag{6.1}
$$

【例 6.4】　编程实例:基于状态向量模拟器,请给出 Bell 态观测量子线路测量完成后的线路状态向量(状态向量取 3 位有效小数),输出其 plot_state_city 的可视化结果并做分析。

解：将 CH6-3.ipynb 中的测量语句 circuit.measure([0,1],[0,1])前的注释去掉后,即可进行本例的测试。

线路中的 measure 或 reset 操作会导致量子态塌缩到可能的量子态。本例中,测量前的量子态为一个纠缠态,而测量后的量子态为|00⟩或|11⟩。因此,可能会得到以下两种结果之一。

（1）塌缩到|00⟩

输出的状态向量为[1.+0.j 0.+0.j 0.+0.j 0.+0.j],plot_state_city 的可视化结果如图 6.4 所示。

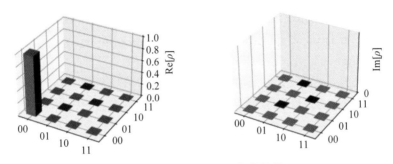

图 6.4 塌缩到|00⟩的可视化结果

（2）塌缩到|11⟩

输出的状态向量为[0.+0.j 0.+0.j 0.+0.j 1.+0.j],plot_state_city 的可视化结果如图 6.5 所示。

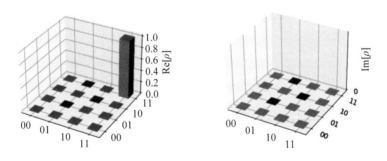

图 6.5 塌缩到|11⟩的可视化结果

6.3.3 Unitary Simulator

Unitary Simulator 可以得到一个量子线路的酉矩阵,或通过酉矩阵对一个空白量子线路进行初始化。使用 Unitary Simulator 时,量子线路不能包含复位或测量操作。

【例 6.5】 编程实例：用 Unitary Simulator 得到 Bell 态生成量子线路对应的酉矩阵（保留 3 位有效小数）。

解：

代码如下：

```
#CH6-4.ipynb:Bell态生成量子线路对应的酉矩阵

#导入库函数
import numpy as np
from qiskit import QuantumCircuit, QuantumRegister, \
    ClassicalRegister
from qiskit import Aer, execute
from qiskit.providers.aer import UnitarySimulator
#创建量子线路
qr = QuantumRegister(2,name='qr')
circ = QuantumCircuit(qr)
circ.h(qr[0])
circ.cx(qr[0], qr[1])
circ.draw(output='mpl')
#模拟器运行与结果输出
simulator = Aer.get_backend('unitary_simulator')
result = execute(circ, simulator).result()
unitary = result.get_unitary(circ,decimals=3)
print("Circuit unitary:\n", unitary)
```

输出的量子线路如图 6.6 所示。

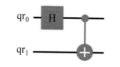

图 6.6   量子线路（例 6.5）

输出的矩阵表示为

```
Circuit unitary:
 [[ 0.707+0.j  0.707-0.j  0.   +0.j  0.   +0.j]
  [ 0.   +0.j  0.   +0.j  0.707+0.j -0.707+0.j]
  [ 0.   +0.j  0.   +0.j  0.707+0.j  0.707-0.j]
  [ 0.707+0.j -0.707+0.j  0.   +0.j  0.   +0.j]]
```

与式(6.2)的理论值一致。

$$
U = \begin{bmatrix}
\dfrac{1}{\sqrt{2}} & \dfrac{1}{\sqrt{2}} & 0 & 0 \\[2mm]
0 & 0 & \dfrac{1}{\sqrt{2}} & -\dfrac{1}{\sqrt{2}} \\[2mm]
0 & 0 & \dfrac{1}{\sqrt{2}} & \dfrac{1}{\sqrt{2}} \\[2mm]
\dfrac{1}{\sqrt{2}} & -\dfrac{1}{\sqrt{2}} & 0 & 0
\end{bmatrix}
\tag{6.2}
$$

6.4　实体机运行

要想编写在实体机上运行的 Qiskit 量子程序,首先需要理解以下四个概念。

① account:根据 account 的权限授予一个或多个 provider 访问权限。

② provider:提供对量子设备和模拟器的访问。

③ backend:能够运行量子线路的量子设备或模拟器。

④ job:对已提交给后端的量子线路或脉冲序列的本地引用(local reference)。

关于账号,需要注意以下两点。

① 若是第一次连接实体机,则使用语句 IBMQ.enable_account('token') 启用账号(token 可通过 Quantum Lab 开发界面右上角的 Account settings 页面获得自己的 API token)。

② 若不是第一次使用实体机,则直接使用 IBMQ.load_account()即可,该语句会使用已存储在硬盘上的凭证(credential)进行账号认证。

【例 6.6】　编程实例:选择最空闲的在线量子计算机(至少有两个量子比特)执行 Bell 态观测量子线路,监视提交的 job,待实体机执行完毕后,以直方图的方式显示结果。

解：

```
#CH6-5.ipynb:实体机运行

#导入库函数
import numpy as np
from qiskit import IBMQ, Aer
from qiskit.providers.ibmq import least_busy
from qiskit import QuantumCircuit, assemble, transpile
from qiskit.tools.monitor import job_monitor
#创建量子线路
circuit = QuantumCircuit(2,2)
circuit.h(0)
circuit.cx(0,1)
circuit.measure([0,1], [0,1])
#实体机运行
IBMQ.load_account()
provider = IBMQ.get_provider(hub='ibm-q')
backend = least_busy(provider.backends(filters=lambda x: \
    x.configuration().n_qubits >= 2 and\
    not x.configuration().simulator and x.status().operational
==True))
print("least busy backend: ", backend)
transpiled_circuit = transpile(circuit, backend, optimization_\
    level=3)
job = backend.run(transpiled_circuit,shots=1000)
job_monitor(job, interval=2)
#结果显示
results = job.result()
answer = results.get_counts()
print("\nTotal count for 00 and 11 are:",counts)
```

运行结果：

```
least busy backend:  ibmq_quito
Total count for 00 and 11 are: {'00': 489, '01': 48, '10': 42, '11': 421}
```

6.5　量子态可视化

6.5.1　单量子比特布洛赫球表示可视化

根据量子比特布洛赫矢量的坐标绘制布洛赫球几何图像的函数为

```
plot_bloch_vector(bloch, title=' ', ax=None,figsize=None,\
    coord_type='cartesian')
```

当 coord_type ＝'cartesian'时,布洛赫矢量采用量子态直角坐标(x,y,z);当 coord_type ＝'spherical'时,布洛赫矢量采用量子态球极坐标(r,θ,ϕ)。coord_type 默认采用直角坐标系。参数 title 为字符串类型,若非空,则在显示图片的上方显示该标题。

【例 6.7】　编程实例:请绘制|＋⟩对应的布洛赫球表示。

解:

|＋⟩的直角坐标为$(1,0,0)$,代码实现如下。

```
#CH6-6.ipynb: 绘制|+⟩对应的布洛赫球

from qiskit.visualization import plot_bloch_vector
from numpy import pi
plot_bloch_vector([1,pi/2,0],title='My First Bloch Sphere',\
    coord_type='spherical')
#plot_bloch_vector([1,0,0],title='My First Bloch Sphere')
```

输出结果如图 6.7 所示。

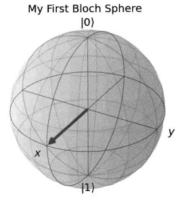

图 6.7　绘制布洛赫球

6.5.2 多量子比特布洛赫球表示可视化

根据状态向量或密度矩阵绘制对应的布洛赫球几何图像的函数为

```
plot_bloch_multivector(state,title='',figsize=None, *,\
    rho=None,reverse_bits=False)
```

该函数根据量子比特的状态向量绘制布洛赫球几何图像，也适用于单量子比特。state 代表量子态，可以用状态向量或密度矩阵表示；reverse_bits 为布尔变量，为 True 时序号大的量子比特先输出，为 False 时序号小的量子比特先输出（默认为 False）。

【例 6.8】 编程实例：考察图 6.8 所示的量子线路，算符 U_0 对应图中两条 barrier 虚线之间的部分，q_1 和 q_0 的初态为 $|00\rangle$，分别给出算符 U_0 初态和末态的状态向量及其布洛赫球表示，并分析推断其功能和意义。

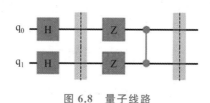

图 6.8 量子线路

解：
代码如下。

```
#CH6-7.ipynb:算符 U0 的功能演示

#输入库函数
from qiskit import QuantumCircuit,execute, Aer
from qiskit.visualization import plot_bloch_multivector
#创建量子线路及初始化
qc = QuantumCircuit(2)
qc.h([0,1])
#输出初态的状态向量和布洛赫球表示
sim = Aer.get_backend('aer_simulator')
qc_init = qc.copy()
qc_init.save_statevector()
```

```
statevector=sim.run(qc_init).result().get_statevector\
    (decimals=3)
print(statevector)
plot_bloch_multivector(statevector)
#U0 的量子线路
qc.barrier([0,1])
qc.z([0,1])
qc.cz(0,1)
qc.barrier([0,1])
qc.draw()
#输出末态的状态向量和和布洛赫球表示
backend = Aer.get_backend('statevector_simulator')
output=execute(qc,backend).result().get_statevector\
    (decimals=3)
print(output)
plot_bloch_multivector(output)
```

U_0 初态的状态向量为 $[0.5+0.j\ 0.5+0.j\ 0.5+0.j\ 0.5+0.j]$，输出的布洛赫球表示如图 6.9 所示。

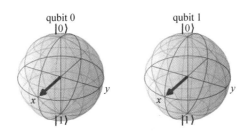

图 6.9　U_0 初态

U_0 末态的状态向量为 $[0.5+0.j\ -0.5+0.j\ -0.5+0.j\ -0.5+0.j]$，输出的布洛赫球表示如图 6.10 所示，表明其无法用两个独立的量子态的张量积表示，这是因为该态为纠缠态。

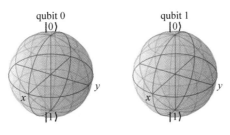

图 6.10　U_0 末态

U_0 实现的功能为

$$U_0 \frac{1}{2}(|00\rangle + |01\rangle + |10\rangle + |11\rangle) = \frac{1}{2}(|00\rangle - |01\rangle - |10\rangle - |11\rangle) \qquad (6.3)$$

6.6　量子比特初态制备

6.6.1　单量子比特初态制备

Qasm Simulator 和 Statevector Simulator 都允许自定义初始状态向量。下面介绍另一种方法——采用 QuantumCircuit.initialize(params, qubits) 制备量子比特的初态。其中,参数 params 可以是 list 类型的状态向量;参数 qubits 指明被初始化的量子比特,可以是 QuantumRegister 变量或整数。例如,要想将量子比特 $q[0]$ 的初态制备为 $\cos\frac{3\pi}{8}|0\rangle - i\sin\frac{3\pi}{8}|1\rangle$,其语句为

```
circuit.initialize([math.cos(3 * np.pi/8), -1.j * math.sin(3 * \
    np.pi/8)], 0)
```

【例 6.9】　编程实例:编程实现图 6.11 所示的量子线路,初态制备为 $\cos\frac{3\pi}{8}|0\rangle - i\sin\frac{3\pi}{8}|1\rangle$,给出末态的状态向量和布洛赫球表示。

图 6.11　单量子比特初态制备

解:
代码如下。

```
#CH6-8.ipynb: 单量子门初态设定

#输入库函数
from qiskit import QuantumCircuit, execute, Aer
from qiskit.visualization import plot_bloch_multivector
import numpy as np
from numpy import pi
```

```
import math
#创建量子线路及初始化
qc = QuantumCircuit(1)
qc.initialize([math.cos(3 * np.pi/8), -1.j * math.sin(3 * np.pi/\
    8)], 0)
qc.ry(pi,0)
qc.draw()
#输出状态向量和布洛赫球表示
simulator = Aer.get_backend('statevector_simulator')
state = execute(qc, simulator).result().get_statevector\
    (decimals=3)
print(state)
plot_bloch_multivector(state)
```

初态对应的布洛赫球表示如图 6.12 所示。

输出的末态的状态向量为 $[0.+0.924j \quad 0.383-0.j]$，即 $[0.924i \quad 0.383]$。

末态对应的布洛赫球表示如图 6.13 所示。

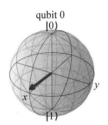 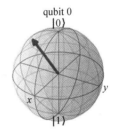

图 6.12　初态布洛赫球表示(例 6.9)　　　　　图 6.13　末态布洛赫球表示(例 6.9)

6.6.2　多量子比特初态制备

多量子比特的初态制备可通过逐一制备单量子比特的初态实现。

【例 6.10】　编程实例：设计并实现一个量子线路,初态的状态向量为 $\left[\dfrac{1}{2}, \dfrac{i}{2}, \dfrac{1}{2}, \dfrac{i}{2}\right]^{\mathrm{T}}$,末态的状态向量为 $\left[\dfrac{1}{2}, \dfrac{i}{2}, \dfrac{i}{2}, \dfrac{1}{2}\right]^{\mathrm{T}}$ 。

解:

代码如下。

```
#CH6-9.ipynb:多量子比特初态制备

#输入库函数
from qiskit import QuantumCircuit, execute, Aer
import numpy as np
from qiskit.visualization import plot_bloch_multivector
#创建量子线路及初始化
circuit = QuantumCircuit(2)
circuit.initialize([1/np.sqrt(2), 1.j/np.sqrt(2)], 0)
circuit.initialize([1/np.sqrt(2), 1/np.sqrt(2)], 1)
circuit.cx(1,0)
#输出状态向量和布洛赫球表示
simulator = Aer.get_backend('statevector_simulator')
state = execute(qc, simulator).result().get_statevector\
    (decimals=3)
print(state)
plot_bloch_multivector(state)
```

初态的状态向量为 $\begin{bmatrix} \dfrac{1}{2} & \dfrac{i}{2} & \dfrac{1}{2} & \dfrac{i}{2} \end{bmatrix}^{\mathrm{T}}$，其可由两个独立的量子态

$\begin{bmatrix} \dfrac{1}{\sqrt{2}} & \dfrac{1}{\sqrt{2}} \end{bmatrix}^{\mathrm{T}}$ 和 $\begin{bmatrix} \dfrac{1}{\sqrt{2}} & \dfrac{i}{\sqrt{2}} \end{bmatrix}^{\mathrm{T}}$ 的张量积得到。多量子比特的状态向量为各量子比特状态向量的张量积(高位在前,低位在后),即

$$\begin{bmatrix} \dfrac{1}{\sqrt{2}} & \dfrac{1}{\sqrt{2}} \end{bmatrix}^{\mathrm{T}} \otimes \begin{bmatrix} \dfrac{1}{\sqrt{2}} & \dfrac{i}{\sqrt{2}} \end{bmatrix}^{\mathrm{T}} = \begin{bmatrix} \dfrac{1}{2} & \dfrac{i}{2} & \dfrac{1}{2} & \dfrac{i}{2} \end{bmatrix}^{\mathrm{T}} \tag{6.4}$$

因此,可分别将两个量子比特的初态制备为 $\begin{bmatrix} \dfrac{1}{\sqrt{2}} & \dfrac{1}{\sqrt{2}} \end{bmatrix}^{\mathrm{T}}$ 和 $\begin{bmatrix} \dfrac{1}{\sqrt{2}} & \dfrac{i}{\sqrt{2}} \end{bmatrix}^{\mathrm{T}}$,前者为高位。两个量子比特初态的布洛赫球表示如图 6.14 所示。

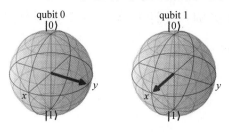

图 6.14　初态布洛赫球表示(例 6.10)

代码实现的量子线路如图 6.15 所示(读者可通过状态演化推导验证线路的正确性)。

代码输出的末态的状态向量为[0.5+0.j　0.+0.5j　0.5+0.j　0.+0.5j]。

代码输出的末态布洛赫球表示如图 6.16 所示,该态为纠缠态。

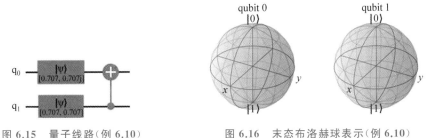

图 6.15　量子线路(例 6.10)　　　　图 6.16　末态布洛赫球表示(例 6.10)

6.7　量子比特态测量实验

6.7.1　量子比特态测量原理

量子的消相干或退相干现象是指量子比特与外部环境发生相互作用,引起量子位能量耗散或相对位相改变,并最终导致量子位由相干叠加态退化为混态或单一态。虽然量子消相干只是一种噪声或干扰,但它足以将量子计算机的独特功能破坏殆尽。为了克服消相干,科学家尝试过量子纠错码和量子避错码等方法,虽然适用性好,但效率上并不理想。量子态制备、操控都需要精确的量子态测量与分辨技术作为基础。

无论是量子测控还是量子应用,计算布洛赫矢量并由此还原出量子比特态都是非常重要的基础操作。布洛赫矢量直角坐标的分量在某些量子应用中是具有特定意义的求解量。参数 θ 和 ϕ 是表征一个纯态量子比特的最基本信息。布洛赫矢量的极坐标 $(1,\theta,\phi)$ 和直角坐标 (x,y,z) 无论测得哪一个,另一个均可由计算得出。

测量布洛赫矢量的极坐标 $(1,\theta,\phi)$ 或直角坐标 (x,y,z) 的前提是能以同样的方式制备任意多相同的量子态。

针对任意一个纯态

$$|\psi\rangle = \cos\frac{\theta}{2}|0\rangle + \mathrm{e}^{\mathrm{i}\varphi}\sin\frac{\theta}{2}|1\rangle, \theta\in[0,\pi], \varphi\in[0,2\pi] \tag{6.5}$$

泡利算符作用在$|\psi\rangle$上,则有

$$
\begin{cases}
\sigma_x|\psi\rangle = \begin{bmatrix} 0 & 1 \\ 1 & 0 \end{bmatrix} \begin{bmatrix} \cos\dfrac{\theta}{2} \\ e^{i\phi}\sin\dfrac{\theta}{2} \end{bmatrix} = e^{i\phi}\sin\dfrac{\theta}{2}|0\rangle + \cos\dfrac{\theta}{2}|1\rangle \\[2em]
\sigma_y|\psi\rangle = \begin{bmatrix} 0 & -i \\ i & 0 \end{bmatrix} \begin{bmatrix} \cos\dfrac{\theta}{2} \\ e^{i\phi}\sin\dfrac{\theta}{2} \end{bmatrix} = -ie^{i\phi}\sin\dfrac{\theta}{2}|0\rangle + i\cos\dfrac{\theta}{2}|1\rangle \\[2em]
\sigma_z|\psi\rangle = \begin{bmatrix} 1 & 0 \\ 0 & -1 \end{bmatrix} \begin{bmatrix} \cos\dfrac{\theta}{2} \\ e^{i\phi}\sin\dfrac{\theta}{2} \end{bmatrix} = \cos\dfrac{\theta}{2}|0\rangle - e^{i\phi}\sin\dfrac{\theta}{2}|1\rangle
\end{cases} \tag{6.6}
$$

由此,得到泡利算符针对态$|\psi\rangle$的期望值为

$$
\begin{cases}
\langle\psi|\sigma_x|\psi\rangle = \langle\psi| \begin{bmatrix} 0 & 1 \\ 1 & 0 \end{bmatrix} |\psi\rangle = \sin\theta\cos\phi = x \\[1.5em]
\langle\psi|\sigma_y|\psi\rangle = \langle\psi| \begin{bmatrix} 0 & -i \\ i & 0 \end{bmatrix} |\psi\rangle = \sin\theta\sin\phi = y \\[1.5em]
\langle\psi|\sigma_z|\psi\rangle = \langle\psi| \begin{bmatrix} 1 & 0 \\ 0 & -1 \end{bmatrix} |\psi\rangle = \cos\theta = z
\end{cases} \tag{6.7}
$$

当前的量子计算机原型机通常只有计算基上的测量操作,对于x和y的测量需要通过基变换转至计算基上进行。

1. 坐标 z 值的测量

对态(6.5)进行计算基态上的标准投影测量σ_z,假设测得$|0\rangle$的概率为p_0,测得$|1\rangle$的概率为p_1,则

$$
p_0 - p_1 = \cos^2\frac{\theta}{2} - \sin^2\frac{\theta}{2} = \cos\theta = z \tag{6.8}
$$

可见,如果可以制备任意数目N的相同的态,则z的值为$N_0/N - N_1/N$,其中N_0和N_1分别是测得$|0\rangle$和$|1\rangle$的数目。因此,如果N足够多且测量操作精度也能得到保证,则z的精度就能得到保证。

2. 坐标 x 值的测量

先对$|\psi\rangle$做一个幺正变换U_1以得到$|\psi_1\rangle = U_1|\psi\rangle$,再对$|\psi_1\rangle$进行计算基

上的标准投影测量即可得到坐标 x。其中，U_1 的矩阵表示为

$$U_1 = \frac{1}{\sqrt{2}}\begin{bmatrix} 1 & 1 \\ -1 & 1 \end{bmatrix} \tag{6.9}$$

U_1 作用在 $|\psi\rangle$ 上，有

$$|\psi_1\rangle = U_1|\psi\rangle = \frac{1}{\sqrt{2}}\begin{bmatrix} 1 & 1 \\ -1 & 1 \end{bmatrix}\begin{bmatrix} \cos\dfrac{\theta}{2} \\ e^{i\phi}\sin\dfrac{\theta}{2} \end{bmatrix}$$

$$= \frac{1}{\sqrt{2}}\left(\cos\frac{\theta}{2} + e^{i\phi}\sin\frac{\theta}{2}\right)|0\rangle + \frac{1}{\sqrt{2}}\left(-\cos\frac{\theta}{2} + e^{i\phi}\sin\frac{\theta}{2}\right)|1\rangle \tag{6.10}$$

对 $|\psi_1\rangle$ 进行计算基上的测量操作，测得处于计算基态 $|0\rangle$ 和 $|1\rangle$ 的概率分别为 $p_{0(\psi_1)} = |\langle 0|\psi_1\rangle|^2$ 和 $p_{1(\psi_1)} = |\langle 1|\psi_1\rangle|^2$。通过下式即可求得坐标 x。

$$p_{0(\psi_1)} - p_{1(\psi_1)} = \frac{1}{2}\left|\cos\frac{\theta}{2} + e^{i\phi}\sin\frac{\theta}{2}\right|^2 - \frac{1}{2}\left|-\cos\frac{\theta}{2} + e^{i\phi}\sin\frac{\theta}{2}\right|^2$$

$$= \frac{1}{2}\left|\cos\frac{\theta}{2} + (\cos\phi + i\sin\phi)\sin\frac{\theta}{2}\right|^2 -$$

$$\frac{1}{2}\left|-\cos\frac{\theta}{2} + (\cos\phi + i\sin\phi)\sin\frac{\theta}{2}\right|^2$$

$$= \frac{1}{2}\left[\left(\cos\frac{\theta}{2} + \cos\phi\sin\frac{\theta}{2}\right)^2 + \left(\sin\phi\cos\frac{\theta}{2}\right)^2\right] -$$

$$\frac{1}{2}\left[\left(\cos\phi\sin\frac{\theta}{2} - \cos\frac{\theta}{2}\right)^2 + \left(\sin\phi\cos\frac{\theta}{2}\right)^2\right]$$

$$= 2\cos\phi\cos\frac{\theta}{2}\sin\frac{\theta}{2}$$

$$= \cos\phi\sin\theta$$

$$= x \tag{6.11}$$

3. 坐标 y 值的测量

同样，先对 $|\psi\rangle$ 做一个幺正变换 U_2 以得到 $|\psi_2\rangle = U_2|\psi\rangle$，再对 $|\psi_2\rangle$ 进行计算基上的标准投影测量即可得到坐标 y。其中，U_2 的矩阵表示为

$$U_2 = \frac{1}{\sqrt{2}}\begin{bmatrix} 1 & -i \\ -i & 1 \end{bmatrix} \tag{6.12}$$

U_2 作用后得到 $|\psi_2\rangle = U_2|\psi\rangle$，由此可得

$$p_{0(\psi_2)} - p_{1(\psi_2)} = \sin\phi\sin\theta = y \tag{6.13}$$

其中，$p_{0(\psi_2)} = |\langle 0|\psi_2\rangle|^2$ 和 $p_{1(\psi_2)} = |\langle 1|\psi_2\rangle|^2$ 分别是对 $|\psi_2\rangle$ 在计算基上测量得到 $|0\rangle$ 和 $|1\rangle$ 的概率。读者可以参照式(6.11)推导出式(6.13)。

6.7.2 量子比特态测量实验与实现

1. 量子比特态测量实验

【实验内容】

① 实现 U_1 和 U_2，分别输出其矩阵表示，并分析其功能和作用。

② 基于参数 θ 和 ϕ 进行量子比特的初态制备。

③ 基于一款模拟器进行量子态直角坐标(x,y,z)的测量。

④ 选择一台真机进行量子态直角坐标(x,y,z)的测量，对比模拟器和真机结果的精度差别。

⑤ 实现量子态极坐标$(1,\theta,\phi)$的测量，分别测试模拟器和真机结果的精度。

下面介绍实验涉及的关键问题的解决方案，读者也可思考自己的解决方案。

2. X基测量与 U_1 的实现

要想测量坐标 x 的值，先要进行 X 基到 Z 基的变换。X 基测量的量子线路如图 6.17 所示，其中，$\mathrm{RY}(-\pi/2)$ 实现了幺正变换 U_1。

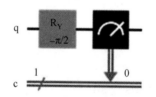

图 6.17　X 基测量的量子线路

X 基测量的量子线路的实现代码如下。

```
measure_x = QuantumCircuit(1,1)
measure_x.ry(-0.5 * np.pi,0)
measure_x.measure(0,0)
```

3. Y基测量与 U_2 的实现

要想测量坐标 y 的值，先要进行 Y 基到 Z 基的变换。Y 基测量的量子线路如图 6.18 所示,其中,RX(π/2)实现了幺正变换 U_2。

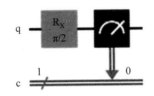

图 6.18　Y 基测量的量子线路

Y 基测量的量子线路的实现代码如下。

```
measure_y = QuantumCircuit(1,1)
measure_y.rx(0.5 * np.pi,0)
measure_y.measure(0,0)
```

4. 基于参数 θ 和 φ 的量子态初态制备

以下代码实现了态(6.5)的制备,其中,变量 theta 和 phi 为参数 θ 和 φ。

```
qc=QuantumCircuit(1,1)
theta=1 * pi/4            #根据测试需要修改
phi=7 * pi/4             #根据测试需要修改
relativephase=math.cos(phi)+1.j * math.sin(phi)
qc.initialize([math.cos(theta/2), relativephase * math.sin\
    (theta/2)], 0)
```

5. 代码样例

代码功能：首先基于参数 θ 和 φ 进行量子比特的初态制备,并基于不同基上测量的概率值计算出量子态的直角坐标 (x,y,z)。选用的模拟器为 QasmSimulator,运行次数为 2^{20} 次。

初态按极坐标 $\left(1,\dfrac{\pi}{4},\dfrac{7\pi}{4}\right)$ 制备,测得的直角坐标为 $(0.499,-0.5,0.708)$,理论值为 $\left(\dfrac{1}{2},-\dfrac{1}{2},\dfrac{1}{\sqrt{2}}\right)$。

```
#CH6-10.ipynb:量子态直角坐标


#输入库函数
```

```python
from qiskit import *
from qiskit.visualization import plot_bloch_multivector
from qiskit.quantum_info import Statevector
import numpy as np
from numpy import pi
from numpy import linalg as la
import math
#创建量子线路与初态制备
qc=QuantumCircuit(1,1)
theta=1*pi/4                #根据测试需要修改
phi=7*pi/4                  #根据测试需要修改
relativephase=math.cos(phi)+1.j*math.sin(phi)
qc.initialize([math.cos(theta/2), relativephase*math.sin\
    (theta/2)], 0)
#Z基测量的量子线路
measure_z = QuantumCircuit(1,1)
measure_z.measure(0,0)
#X基测量的量子线路
measure_x = QuantumCircuit(1,1)
measure_x.ry(-0.5*np.pi,0)
measure_x.measure(0,0)
#Y基测量的量子线路
measure_y = QuantumCircuit(1,1)
measure_y.rx(0.5*np.pi,0)
measure_y.measure(0,0)
#模拟器运行与坐标值计算
shots = 2**20               #number of samples used for statistics
sim = Aer.get_backend('qasm_simulator')
bloch_vector_measure = []
for measure_circuit in [measure_x, measure_y, measure_z]:
    counts = execute(qc.compose(measure_circuit), sim,shots=\
    shots).result().get_counts()
    probs = {}
    for output in ['0','1']:
        if output in counts:
            probs[output] = counts[output]/shots
```

```
    else:
        probs[output] = 0
    bloch_vector_measure.append( probs['0'] -  probs['1'] )
bloch_vector = bloch_vector_measure/la.norm(bloch_vector_\
    measure)
print('The coordinates are [{0: 4.3f}, {1: 4.3f}, {2: 4.3f}]'.
format(*bloch_vector))
```

输出结果为

```
The coordinates are [0.499, -0.500, 0.708]
```

小　　结

本章阐述了基于 Python 语言的 IBM Qiskit 量子程序代码框架,并通过精选的编程实例介绍了基于 Python 语言进行 Qiskit 量子程序设计和调试的基本技能与相关知识。6.3 节和 6.4 节介绍了在模拟器或远程实体机上编写和运行量子程序的方法,并通过编程实例介绍了状态向量与密度矩阵的提取及其可视化,以及量子线路酉矩阵提取等对量子程序调试非常有用的功能的编程实现;6.5 节介绍了可视化输出一个量子比特或多个量子比特的布洛赫球表示;6.6 节介绍了量子态初态制备;6.7 节介绍了量子比特态直角坐标的测量。

本章的重点是基于 Python 语言进行 Qiskit 量子程序设计、调试和数据分析的基本技能和相关知识。读者只要认真完成本章的各个实验,就能快速掌握这些技能,加深对量子计算理论和量子编程相关知识的理解。本章最后的量子比特态测量实验可以帮助读者对本书前面讲授的内容进行一次综合应用与操练。

习　　题

1. 实现例 2.12 给出的任务目标。
2. 给出图 5.39 所示的量子线路的矩阵表示。
3. 用球极坐标绘制 $|+\rangle$ 和 $|i\rangle$ 的布洛赫球表示。

4. 用量子比特初态制备方法实现对不同初态的 Bell 态观测量子线路的测试,并给出末态的状态向量和 plot_state_city 可视化结果。

5. 编程输出例 6.8 中算符 U_0 的矩阵表示,并用态演化方程验证对应量子线路的功能。

6. 选取一批具有典型意义的测试数据,选择一台模拟器进行量子态直角坐标 (x,y,z) 的测量,并分析其精度。

7. 选择一台真机进行量子态直角坐标 (x,y,z) 的测量,并测试真机结果的精度。

8. 实现量子态极坐标 $(1,\theta,\phi)$ 的测量,分别测试模拟器和真机结果的精度。

9. 给出以下量子线路的酉矩阵,其中,q_0,q_1 和 q_2 为输入量子比特,q_3 为输出量子比特,分析 q_3 的输出态与 3 个输入态初值之间的关系。

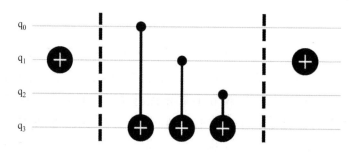

第 7 章

量子算法原理与实现

本章核心知识点：
- [ ] Deutsch-Jozsa 算法
- [ ] Grover 算法
- [ ] 量子傅里叶变换
- [ ] 量子相位估计
- [ ] Shor 算法
- [ ] HHL 算法

7.1   Deutsch-Jozsa 算法

7.1.1   算法描述

Deutsch 问题描述如下：给定一个单变元布尔函数，即 $f: \{0,1\} \rightarrow \{0,1\}$，判断该函数是常值函数或平衡函数；其中，常值函数指对任意输入 x，$f(x)$ 恒等于 0 或 1；平衡函数指对于两个不同的输入，$f(x)$ 可分别为 0 和 1。

具体来说，该函数只有以下四种情况：

① $f(0)=0, f(1)=0$；

② $f(0)=0, f(1)=1$；

③ $f(0)=1, f(1)=0$；

④ $f(0)=1, f(1)=1$。

其中，第①和④种函数为常值函数，剩下两种情况为平衡函数。如果 $f(x)$ 是常值函数，则 $f(0) \oplus f(1)=0$；如果 $f(x)$ 是平衡函数，则 $f(0) \oplus f(1)=1$；其中 $\oplus$ 表示模 2 加法。

黑盒用于计算并输出布尔函数，也称 Oracle。黑盒的一次计算称为对 Oracle 的一次查询。在经典计算机上，通过两次查询即可判定 Deutsch 问题中布尔函数所属的类别。

Deutsch-Jozsa 问题描述如下：给定一个布尔函数，即 $f：\{0,1\}^n = \{0, 1, \cdots, 2^n - 1\} \rightarrow \{0,1\}$，要求利用尽可能少的查询次数判断 $f(x)$ 是平衡函数还是常值函数。其中，常值函数指对于任意输入 x，$f(x)$ 恒等于 0 或 1；平衡函数指对于所有输入 $\{x\}$，一半令 $f(x)$ 取值为 0，另一半令 $f(x)$ 取值为 1。

1985 年，D.Deutsch 首次提出了量子图灵机模型，并且设计了第一个量子算法——Deutsch 算法，用于解决 Deutsch 问题。这是人类历史上首个利用量子的特性专门针对量子计算机而设计的算法，开创了量子算法的先河。

原始算法对 Oracle 的一次查询只能以 1/2 的概率得到函数 $f(x)$ 的类型。1998 年，R.Cleve、A.Ekert、C.Macchiavello 和 M.Mosca 对 Deutsch 算法进行了改进，将它从一个概率性算法变成了一个确定性算法，这使得 Deutsch 算法有了质的飞跃，查询一次 Oracle 即可得出确定的结果。

1992 年，D.Deutsch 和 R.Jozsa 一起提出 Deutsch-Jozsa 算法，解决了 n 元变量的 Deutsch 问题。经典确定性算法至少需要 $2^{n-1} + 1$ 次查询才能确定函数所属的类别，而 Deutsch-Jozsa 算法只须单次查询即可确定，相比经典算法有了指数级别的加速。

7.1.2 量子线路

1. 量子 Oracle

Deutsch 算法或 Deutsch-Jozsa 算法中的 Oracle 定义为具有以下功能的酉线路（如图 7.1所示）。

$$U_f：|x,y\rangle \mapsto |x,y \oplus f(x)\rangle \tag{7.1}$$

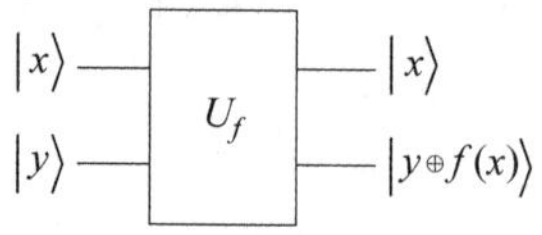

图 7.1　量子 Oracle

其中，$\oplus$ 为模 2 加法。对于 $|x\rangle$，Deutsch 算法为 1 位量子比特，Deutsch-Jozsa 算法为 n 位量子比特。

由于 $U_f：|x,y \oplus f(x)\rangle \mapsto |x,y\rangle$，因此无论 $f(x)$ 是否可逆，U_f 均是酉变换。

下面介绍 U_f 的功能和作用。

若 $|y\rangle = \dfrac{|0\rangle - |1\rangle}{\sqrt{2}}$，则有

$$U_f : |x\rangle\left(\frac{|0\rangle - |1\rangle}{\sqrt{2}}\right) \mapsto \left(\frac{U_f|x\rangle|0\rangle - U_f|x\rangle|1\rangle}{\sqrt{2}}\right)$$

$$= \frac{|x\rangle|0 \oplus f(x)\rangle - |x\rangle|1 \oplus f(x)\rangle}{\sqrt{2}}$$

$$= |x\rangle\left(\frac{|0 \oplus f(x)\rangle - |1 \oplus f(x)\rangle}{\sqrt{2}}\right) \tag{7.2}$$

当 $f(x) = 0$ 或 1 时，有

$$\begin{cases} f(x) = 0: & \dfrac{|0 \oplus f(x)\rangle - |1 \oplus f(x)\rangle}{\sqrt{2}} = \dfrac{|0\rangle - |1\rangle}{\sqrt{2}} \\[3mm] f(x) = 1: & \dfrac{|0 \oplus f(x)\rangle - |1 \oplus f(x)\rangle}{\sqrt{2}} = \dfrac{|1\rangle - |0\rangle}{\sqrt{2}} = -\left(\dfrac{|0\rangle - |1\rangle}{\sqrt{2}}\right) \end{cases}$$

$$\tag{7.3}$$

从而有

$$\frac{|0 \oplus f(x)\rangle - |1 \oplus f(x)\rangle}{\sqrt{2}} = (-1)^{f(x)}\left(\frac{|0\rangle - |1\rangle}{\sqrt{2}}\right) \tag{7.4}$$

可见，U_f 作用于 $|x\rangle\left(\dfrac{|0\rangle - |1\rangle}{\sqrt{2}}\right)$ 相当于从整体上添加了一个相位因子 $(-1)^{f(x)}$，即

$$U_f : |x\rangle\left(\frac{|0\rangle - |1\rangle}{\sqrt{2}}\right) \mapsto (-1)^{f(x)}|x\rangle\left(\frac{|0\rangle - |1\rangle}{\sqrt{2}}\right) \tag{7.5}$$

当 $n = 1$ 时，如图 7.2 所示，即为 Deutsch 算法对应的量子线路。

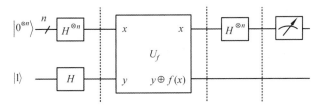

图 7.2　**Deutsch-Jozsa 算法量子线路**

Deutsch 算法中的两个量子比特的初态为 $|01\rangle$，经 $H^{\otimes 2}$ 后得到 $|\varphi_1\rangle = \frac{1}{2}(|00\rangle - |01\rangle + |10\rangle - |11\rangle)$。由定义可知，Oracle 作用于 $|\varphi_1\rangle$ 可以得到

$$|\varphi_2\rangle = U_f|\varphi_1\rangle$$
$$= \frac{1}{2}(|0,f(0)\rangle - |0,1\oplus f(0)\rangle + |1,f(1)\rangle - |1,1\oplus f(1)\rangle)$$
$$= \frac{1}{2}(|0,f(0)\rangle - |0,\neg f(0)\rangle + |1,f(1)\rangle - |1,\neg f(1)\rangle) \qquad (7.6)$$

其中，$\neg$ 表示取反。

此时，如果对第一个比特进行 Hadamard 变换，则可得到

$$|\varphi_3\rangle = (H \otimes I)|\varphi_2\rangle$$
$$= \frac{1}{2\sqrt{2}}[(|0\rangle + |1\rangle)(|f(0)\rangle - |\neg f(0)\rangle) +$$
$$(|0\rangle - |1\rangle)(|f(1)\rangle - |\neg f(1)\rangle)] \qquad (7.7)$$

如果函数 $f(x)$ 是常值函数，即 $f(0) = f(1)$，则有

$$|\varphi_3\rangle = \frac{1}{\sqrt{2}}|0\rangle(|f(0)\rangle - |\neg f(0)\rangle) \qquad (7.8)$$

如果函数 $f(x)$ 是平衡函数，即 $f(0) \neq f(1)$，则有

$$|\varphi_3\rangle = \frac{1}{\sqrt{2}}|1\rangle(|f(0)\rangle - |\neg f(0)\rangle) \qquad (7.9)$$

因此，当在计算基上测量第一个量子比特时，如果为 $|0\rangle$，则说明是常值函数，反之则是平衡函数。可见，Deutsch 算法查询一次 Oracle 即可区分函数类型。

2. Deutsch-Jozsa 算法量子线路

Deutsch-Jozsa 算法的量子线路如图 7.2 所示，共需 $n+1$ 个量子比特，前 n 个量子比特称为输入量子比特，第 $n+1$ 个量子比特称为辅助量子比特。

其工作过程如下。

① 初始输入态制备为 $|\varphi_0\rangle = |0\rangle^{\otimes n} \otimes |1\rangle$。

② 对所有量子比特进行 Hadamard 变换，得到状态

$$|\varphi_1\rangle = H^{\otimes n+1}|\varphi_0\rangle$$
$$= H^{\otimes n}|0\rangle^{\otimes n} \otimes H|1\rangle$$
$$= \frac{1}{\sqrt{2^n}} \sum_{x=0}^{2^n-1} |x\rangle \otimes \frac{1}{\sqrt{2}}(|0\rangle - |1\rangle) \qquad (7.10)$$

③ 量子 Oracle 作用后,量子态转换为

$$|\varphi_2\rangle = U_f|\varphi_1\rangle$$

$$= \frac{1}{\sqrt{2^n}} \sum_{x=0}^{2^n-1} (-1)^{f(x)} |x\rangle \otimes \frac{1}{\sqrt{2}}(|0\rangle - |1\rangle) \tag{7.11}$$

④ 对所有输入量子比特进行 Hadamard 变换 $H^{\otimes n}$。

Hadamard 变换作用于单量子比特,有 $H|x\rangle = \frac{1}{\sqrt{2}}(|0\rangle + (-1)^x|1\rangle) = \frac{1}{\sqrt{2}} \sum_{y \in \{0,1\}} (-1)^{x \cdot y}|y\rangle$。对于 $|x\rangle = |x_{n-1}, \cdots, x_1, x_0\rangle$ 和 $|y\rangle = |y_{n-1}, \cdots, y_1, y_0\rangle$,记 $x \cdot y = x_{n-1}y_{n-1} \oplus \cdots \oplus x_1 y_1 \oplus x_0 y_0$,则 Hadamard 变换 $H^{\otimes n}$ 的作用为

$$H^{\otimes n}|x\rangle = (H|x_{n-1}\rangle) \cdots (H|x_1\rangle)(H|x_0\rangle)$$

$$= \frac{1}{\sqrt{2^n}} \sum_{y_{n-1}, \cdots, y_1, y_0 \in \{0,1\}} (-1)^{x_{n-1}y_{n-1} \oplus \cdots x_1 y_1 \oplus x_0 y_0} |y_{n-1} \cdots y_1 y_0\rangle$$

$$= \frac{1}{\sqrt{2^n}} \sum_{y=0}^{2^n-1} (-1)^{x \cdot y}|y\rangle \tag{7.12}$$

因此,Hadamard 变换 $H^{\otimes n}$ 后的量子态为

$$|\varphi_3\rangle = (H^{\otimes n} \otimes I)|\varphi_2\rangle$$

$$= \frac{1}{\sqrt{2^n}} \sum_{x=0}^{2^n-1} (-1)^{f(x)} H^{\otimes n}|x\rangle \otimes \frac{1}{\sqrt{2}}(|0\rangle - |1\rangle)$$

$$= \frac{1}{2^n} \left(\sum_{x,y=0}^{2^n-1} (-1)^{f(x)}(-1)^{xy}|y\rangle \right) \otimes \frac{1}{\sqrt{2}}(|0\rangle - |1\rangle) \tag{7.13}$$

⑤ 在计算基上测量输入量子比特,如果得到 $|00\cdots0\rangle$,则说明是常值函数,否则是平衡函数。

7.1.3　编程实现

实现 n 位输入量子比特的 Deutsch-Jozsa 算法取 $n=4$,分别用自己构造的常值函数和平衡函数进行测试。代码样例文件名为 CH7-1.ipynb。

1. Oracle 的实现

函数 dj_oracle(case,n) 实现 Oracle 量子线路,并将之构建为一个名为 Oracle 的自定义门,返回参数为新构建的自定义门的标识符。其中,参数 n

为输入量子比特的数目。参数 case 为字符串类型：当 case 为'constant'时，实现了常值函数；当 case 为'balanced'时，实现了平衡函数。

```python
def dj_oracle(case, n):
    oracle_qc = QuantumCircuit(n+1)
    #平衡函数
    if case == "balanced":
        #[1,2**n)间的随机整数 b
        b = np.random.randint(1,2**n)
        #得到 b 对应的二进制字符串
        b_str = format(b, '0'+str(n)+'b')
        #若 b_str[qubit]为'1',则在 q[qubit]上添加一个 X 门
        for qubit in range(len(b_str)):
            if b_str[qubit] == '1':
                oracle_qc.x(qubit)
        #每个量子比特上添加 CNOT 门,q[n]为目标量子比特
        for qubit in range(n):
            oracle_qc.cx(qubit, n)
        #若 b_str[qubit]为'1',则在 q[qubit]上添加一个 X 门
        for qubit in range(len(b_str)):
            if b_str[qubit] == '1':
                oracle_qc.x(qubit)
    #常值函数
    if case == "constant":
        #取随机整数 0 或 1,若为 1,则在 q[n]上添加一个 X 门
        output = np.random.randint(2)
        if output == 1:
            oracle_qc.x(n)
    oracle_gate = oracle_qc.to_gate()
    #将量子线路 oracle_qc 封装为自定义门
    oracle_gate.name = "Oracle"
    return oracle_gate
```

当 $n=3$ 时，若代码中得到的随机数 $b=2$（对应的 b_str 为"010"），则平衡函数的量子线路如图 7.3 所示，其中，q_0，q_1 和 q_2 为输入量子比特，q_3 为辅助

量子比特。

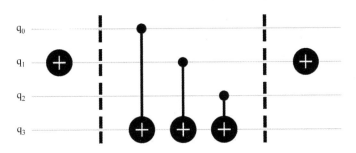

图 7.3　平衡函数量子线路($n＝3$)

图 7.3 所示的量子线路实现的平衡函数如表 7.1 所示。

表 7.1　平衡函数 $f(x)$（$n＝3$）

$f(x)＝0$ 的输入 x	$f(x)＝1$ 的输入 x
001	000
010	011
100	101
111	110

2. Deutsch-Jozsa 算法量子线路的实现

函数 dj_algorithm(oracle，n)创建 Deutsch-Jozsa 算法量子线路。其中，参数 n 为输入量子比特的数目。创建的量子线路包含 $n＋1$ 个量子比特，其中，q_n 为辅助量子比特，其余为输入量子比特。

参数 oracle 为函数 dj_oracle(case，n)返回的自定义门标识符。

```
def dj_algorithm(oracle, n):
    dj_circuit = QuantumCircuit(n+1, n)
    #设置输出量子比特
    dj_circuit.x(n)
    dj_circuit.h(n)
    #设置输入寄存器
    for qubit in range(n):
        dj_circuit.h(qubit)
    #添加 Oracle 门
    dj_circuit.append(oracle, range(n+1))
```

```
#输入寄存器各量子比特上添加 H 门
for qubit in range(n):
    dj_circuit.h(qubit)
#测量输入寄存器
for i in range(n):
    dj_circuit.measure(i, i)
return dj_circuit
```

3. 测试主程序

测试主程序中的语句"oracle_gate = dj_oracle('constant', n)"中的第一个参数若更改为'balanced',则也可对平衡函数进行测试。

```
#库函数输入
import numpy as np
from qiskit import assemble, Aer
from qiskit import QuantumCircuit, transpile
from qiskit.visualization import plot_histogram
#创建 Oracle 自定义门(常值函数),实现 Deutsch-Jozsa 算法的量子线路
n = 4
oracle_gate = dj_oracle('constant', n)
#测试平衡函数时,首参为'balanced'
dj_circuit = dj_algorithm(oracle_gate, n)
#模拟器运行
aer_sim = Aer.get_backend('aer_simulator')
transpiled_dj_circuit = transpile(dj_circuit, aer_sim)
qobj = assemble(transpiled_dj_circuit)
results = aer_sim.run(qobj).result()
answer = results.get_counts()
plot_histogram(answer)
```

若测试结果测得 $|0000\rangle$ 的概率为 100%,如图 7.4 所示,则说明 $f(x)$ 是常值函数。

若测试结果测得 $|1111\rangle$ 的概率为 100%,如图 7.5 所示,则说明 $f(x)$ 是平衡函数。

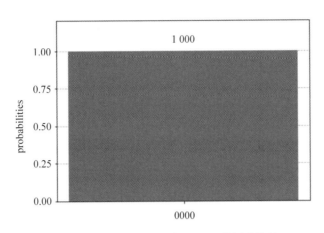

图 7.4　Oracle 为常值函数$(n=4)$的测试结果

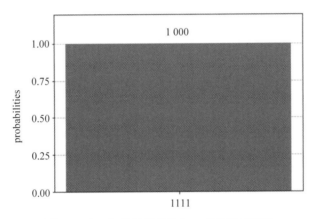

图 7.5　Oracle 为平衡函数$(n=4)$的测试结果

7.1.4　结果分析

式(7.13)给出了 Deutsch-Jozsa 算法测量前的量子线路状态$|\varphi_3\rangle$。对算法工作过程中的⑤做如下进一步说明。

由于$(-1)^{f(x)}$作为全局相位因子可以忽略,因此$|\varphi_3\rangle=\dfrac{1}{2^n}\displaystyle\sum_{x,y=0}^{2^n-1}(-1)^{x \cdot y}|y\rangle\otimes\dfrac{1}{\sqrt{2}}(|0\rangle-|1\rangle)$。

(1) 假设 Oracle 中的$f(x)$是常值函数

任一不为 0 的$y(y\neq0)$,考察$x \cdot y=x_0 y_0 \oplus x_1 y_1 \oplus \cdots \oplus x_{n-1} y_{n-1}$,对于

所有输入 $\{x\}$，一半的 $x_i y_i$ 取值为 0，另一半取值为 1，因此有 $\dfrac{1}{2^n}\displaystyle\sum_{x,y=0}^{2^n-1}(-1)^{x\cdot y}=0(y\neq 0)$。

可见，在 $\dfrac{1}{2^n}\displaystyle\sum_{x,y=0}^{2^n-1}(-1)^{x\cdot y}|y\rangle$ 中，除 $|00\cdots 0\rangle$ 以外的其他基态的系数均为 0。

因此，$|\varphi_3\rangle=|0\rangle^{\otimes n}\bigotimes\dfrac{1}{\sqrt{2}}(|0\rangle-|1\rangle)$，在计算基上测量前 n 个量子比特得到 $|00\cdots 0\rangle$。

（2）假设 Oracle 中的 $f(x)$ 是平衡函数

在 $|\varphi_3\rangle$ 的 $\dfrac{1}{2^n}\displaystyle\sum_{x,y=0}^{2^n-1}(-1)^{x\cdot y}|y\rangle$ 中，$|y\rangle=|00\cdots 0\rangle$ 前面的系数为 $\displaystyle\sum_{x=0}^{2^n-1}(-1)^{f(x)}\cdot$ $(-1)^{x\cdot 0}=\displaystyle\sum_{x=0}^{2^n-1}(-1)^{f(x)}$。根据平衡函数的定义，所有输入 $\{x\}$ 有一半令 $f(x)=0$，另一半令 $f(x)=1$，因此有 $\displaystyle\sum_{x=0}^{2^n-1}(-1)^{f(x)}=0$。可见，当 $f(x)$ 是平衡函数时，在计算基上测量前 n 个量子比特不可能得到 $|00\cdots 0\rangle$。

Deutsch-Jozsa 算法加上叠加态的制备和测量的时间，需要的操作步骤为 $O(n)$。而经典算法的验证次数是 $O(2^n)$。可见，Deutsch-Jozsa 算法实现了相对于经典算法的指数级加速。然而，它解决的问题并不实用，同时还有很大的限制（平衡函数要求恰好有一半的输入令 $f(x)=0$，另一半的输入令 $f(x)=1$）。所以说，Deutsch-Jozsa 算法的理论意义是远大于其实用意义的，其为后来的 Shor 和 Grover 等量子算法的设计提供了思路。

7.2 Grover 算法

7.2.1 算法描述

1996 年，L.Grover 提出了一个量子搜索算法——Grover 算法，用于从 N 个无序的数据项中找到某个符合搜索条件的数据项。经典算法的最好结果是一次操作，最坏情况是 N 次操作，平均为 $N/2$ 次操作，其时间复杂度为 $O(N)$，而 Grover 算法只需 $O(\sqrt{N})$ 次操作即可实现相对经典算法的平方根加速。

1997 年，IBM 公司的 Chuang 等人第一次用核磁共振的方法在双量子比特上演示了 Grover 算法。在 Grover 算法的启发下，又出现了许多以之为基础的量子算法，例如量子 K-medians 算法、量子近邻算法、量子神经网络等。

本节讨论的搜索问题算法是指从 N 个元素中筛选出符合条件的 M 个元素。

1. 经典搜索算法中的 Oracle

经典搜索模型中，一个有 N 个元素的搜索空间为每个元素添加了索引 $0 \sim N-1$。假设 $N = 2^n$，不满就补齐，则这样的索引可以用一个 n 比特寄存器存储。

经典搜索算法中的 Oracle 函数的定义为

$$f(x) = \begin{cases} 0 & (\text{索引 } x \text{ 对应的元素不符合条件}) \\ 1 & (\text{索引 } x \text{ 对应的元素符合条件}) \end{cases} \tag{7.14}$$

这里给出以下两个假设。

假设 1：根据索引可以很容易地访问搜索空间对应的元素。

假设 2：对于每个元素，可以在 $O(1)$ 的时间内判断其是否为搜索问题的解，做出此判断的黑盒叫作 Oracle。

2. 量子搜索算法中的 Oracle

Grover 算法中的 Oracle 用来标记搜索问题的解，其对应的算符 U_f 的功能为

$$U_f |x\rangle = (-1)^{f(x)} |x\rangle \tag{7.15}$$

其中，$f(x)$ 的定义与式(7.14)一致。

从而有

$$U_f |x\rangle = \begin{cases} |x\rangle & (\text{索引 } x \text{ 对应的元素不符合条件}) \\ -|x\rangle & (\text{索引 } x \text{ 对应的元素符合条件})) \end{cases} \tag{7.16}$$

算符 U_f 在计算基上的矩阵表示为

$$U_f = \begin{bmatrix} (-1)^{f(0)} & 0 & \cdots & 0 \\ 0 & (-1)^{f(1)} & \cdots & 0 \\ \vdots & \vdots & \ddots & \vdots \\ 0 & 0 & \cdots & (-1)^{f(2^n-1)} \end{bmatrix} \tag{7.17}$$

参照式(7.1)所示的 Deutsch-Jozsa 算法中 Oracle 的定义，其可表示为

$$U_f : |x, q\rangle \mapsto |x, q \oplus f(x)\rangle \tag{7.18}$$

其中,$|x\rangle$ 是由 n 量子比特量子态,称为索引态。$|q\rangle$ 是输助量子比特,在 Grover 算法中不是必需的,要视 U_f 的具体实现而定。$\oplus$ 是二进制模 2 加法。

式(7.18)中,当 $|q\rangle$ 的态为 $\dfrac{|0\rangle-|1\rangle}{\sqrt{2}}$ 时,

$$U_f : |x\rangle\left(\frac{|0\rangle-|1\rangle}{\sqrt{2}}\right) \overset{\text{Oracle}}{\to} (-1)^{f(x)}|x\rangle\left(\frac{|0\rangle-|1\rangle}{\sqrt{2}}\right) \tag{7.19}$$

可见,Grover 算法的 Oracle 是通过改变相应索引态的相位标记搜索问题的解的。式(7.19)与式(7.5)的功能是相同的,其量子线路中的功能可用图 7.6 表示,其中,$|-\rangle$ 为辅助量子比特。

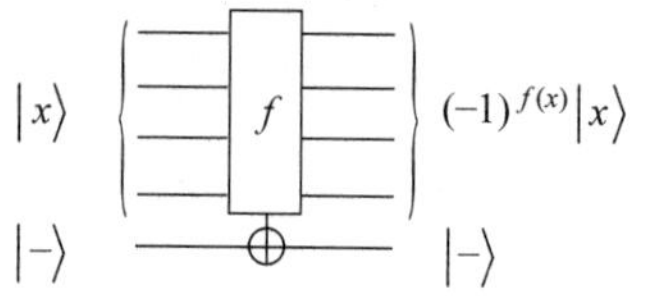

$$|x\rangle \quad \boxed{f} \quad (-1)^{f(x)}|x\rangle$$
$$|-\rangle \quad \oplus \quad |-\rangle$$

图 7.6　Oracle 量子线路功能示意

7.2.2　量子线路

1. Grover 算法量子线路工作原理

Grover 算法量子线路的总体结构如图 7.7 所示,其使用 n 个量子比特存储索引态,为方便叙述,称之为查询寄存器。Oracle 可能会涉及额外的辅助量子比特(可理解为式(7.19)中的 $|q\rangle$)。辅助量子比特仅在 Oracle 中起作用,算法描述时,线路量子态中将省略辅助量子比特。

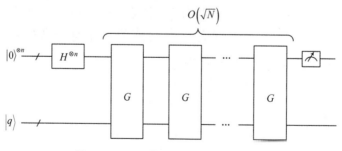

图 7.7　Grover 算法量子线路总体结构

算法首先置查询寄存器的初态为 $|0\rangle^{\otimes n}$,用 Hadamard 变换 $H^{\otimes n}$ 得到等

权叠加态$|\psi\rangle$（包含所有搜索问题的解与非搜索问题的解），即

$$|\psi\rangle = \frac{1}{\sqrt{N}} \sum_{x=0}^{N-1} |x\rangle \tag{7.20}$$

其中，$N = 2^n$。

此后，Grover 算法连续多次执行 Grover 迭代（Grover iteration）操作，能以较大的概率在查询寄存器上得到被搜索的解。

Grover 的一次迭代分为以下四步。

① 执行 Oracle 操作（U_f 算符），将搜索问题的解对应的索引态增加相位因子 -1。

② Hadamard 变换 $H^{\otimes n}$。

③ 相位变换：保持基态 $|0\rangle$ 的系数不变，其他基态的系数增加一个负号，对应的算符记为 $U_0 = 2|0\rangle\langle 0| - I$。注意：这里的 U_0 和 I 为 N 维矩阵。

④ Hadamard 变换 $H^{\otimes n}$。

将②、③、④结合后的效果为

$$\begin{aligned} U_\psi &= H^{\otimes n} U_0 H^{\otimes n} = H^{\otimes n}(2|0\rangle\langle 0| - I)H^{\otimes n} \\ &= 2H^{\otimes n}|0\rangle\langle 0|H^{\otimes n} - I = 2|\psi\rangle\langle\psi| - I \end{aligned} \tag{7.21}$$

于是，Grover 一次迭代的操作算符 G 等价于

$$G = U_\psi U_f = (2|\psi\rangle\langle\psi| - I)U_f \tag{7.22}$$

2. Grover 迭代的二维几何表示

查询寄存器由初态经过 $H^{\otimes n}$ 后得到等权叠加态 $|\psi\rangle$。

令 $X_1 = \{x \mid f(x) = 0\}$，$X_2 = \{x \mid f(x) = 1\}$，即 X_1 为所有非搜索问题的解的索引集合，X_2 为所有搜索问题的解的索引集合。

从而，所有非搜索问题的解可定义为一个量子态 $|\alpha\rangle$，所有搜索问题的解定义为一个量子态 $|\beta\rangle$，即

$$|\alpha\rangle = \frac{1}{\sqrt{N-M}} \sum_{X_1} |x\rangle$$

$$|\beta\rangle = \frac{1}{\sqrt{M}} \sum_{X_2} |x\rangle \tag{7.23}$$

$|\alpha\rangle$ 和 $|\beta\rangle$ 相互正交，经归一化后将 $|\psi\rangle$ 重新表示为

$$|\psi\rangle = \sqrt{\frac{N-M}{N}} |\alpha\rangle + \sqrt{\frac{M}{N}} |\beta\rangle \tag{7.24}$$

令 $\cos\dfrac{\theta}{2}=\sqrt{\dfrac{N-M}{N}}$，$\sin\dfrac{\theta}{2}=\sqrt{\dfrac{M}{N}}$，则有

$$|\psi\rangle=\cos\frac{\theta}{2}|\alpha\rangle+\sin\frac{\theta}{2}|\beta\rangle \tag{7.25}$$

可以用平面向量表示这三个量子态，如图 7.8 所示。$|\psi\rangle$ 是 $|\alpha\rangle$ 与 $|\beta\rangle$ 这两个正交基构成的向量空间中的一个矢量，$|\beta\rangle$ 为最终期望的量子态。

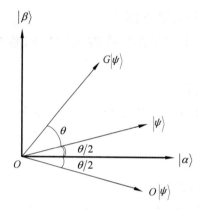

图 7.8　Grover 算法几何表示

(1) Oracle 算符 U_f 的几何图像

Oracle 的作用是用负号标记搜索问题的解，相当于将 $|\beta\rangle$ 中的每个态均增加一个负号，将所有负号提取出来，可以得到

$$|\psi\rangle\xrightarrow{\text{Oracle}}\cos\frac{\theta}{2}|\alpha\rangle-\sin\frac{\theta}{2}|\beta\rangle \tag{7.26}$$

Oracle 算符 U_f 可视为在 $|\alpha\rangle$ 与 $|\beta\rangle$ 定义的平面上以 $|\alpha\rangle$ 为轴的对称翻转。U_f 算符的矩阵表示为（基为 $\{|\alpha\rangle,|\beta\rangle\}$）

$$U_f=\begin{bmatrix}1 & 0\\ 0 & -1\end{bmatrix} \tag{7.27}$$

(2) 算符 U_ψ 的几何图像

算符 $2|\psi\rangle\langle\psi|-I$ 可视为在 $|\alpha\rangle$ 与 $|\beta\rangle$ 定义的平面上以 $|\psi\rangle$ 为轴的对称翻转，其矩阵表示为

$$
\begin{aligned}
U_\psi &= 2|\psi\rangle\langle\psi|-I\\
&= 2\begin{bmatrix}\cos\dfrac{\theta}{2}\\[2mm] \sin\dfrac{\theta}{2}\end{bmatrix}\begin{bmatrix}\cos\dfrac{\theta}{2} & \sin\dfrac{\theta}{2}\end{bmatrix}-\begin{bmatrix}1 & 0\\ 0 & 1\end{bmatrix}=\begin{bmatrix}\cos\theta & \sin\theta\\ \sin\theta & -\cos\theta\end{bmatrix}
\end{aligned} \tag{7.28}
$$

（3）Grover 迭代算符 G 的几何图像

算符 G 的矩阵表示为

$$G = U_\psi U_f$$

$$= \begin{bmatrix} \cos\theta & \sin\theta \\ \sin\theta & -\cos\theta \end{bmatrix} \begin{bmatrix} 1 & 0 \\ 0 & -1 \end{bmatrix} = \begin{bmatrix} \cos\theta & -\sin\theta \\ \sin\theta & \cos\theta \end{bmatrix} \tag{7.29}$$

这是二维平面内逆时针旋转 θ 的操作。算符 G 首先进行一次以 $|\alpha\rangle$ 为轴的对称反转，然后进行一次以 $|\psi\rangle$ 为轴的对称反转，总体效果是让 $|\psi\rangle$ 逆时针旋转 θ，从而使第一次 Grover 迭代后的量子态变为

$$G|\psi\rangle = \cos\frac{3\theta}{2}|\alpha\rangle + \sin\frac{3\theta}{2}|\beta\rangle \tag{7.30}$$

经历 k 次 Grover 迭代后，末态的量子态为

$$G^k|\psi\rangle = \cos\left(\frac{2k+1}{2}\theta\right)|\alpha\rangle + \sin\left(\frac{2k+1}{2}\theta\right)|\beta\rangle \tag{7.31}$$

因此，经过多次迭代操作，可以使末态与 $|\beta\rangle$ 的重合概率变得很大。可以证明，迭代的次数 R 满足

$$R \leqslant \left\lceil \frac{\pi}{4}\sqrt{\frac{N}{M}} \right\rceil \tag{7.32}$$

7.2.3 编程实现

实现一个"4 找 1"的 Grover 算法（$N=4$，$M=1$），从 4 个索引态 $\{|00\rangle, |01\rangle, |10\rangle, |11\rangle\}$ 中找到目标解的索引态 $|11\rangle$。代码样例文件名为 CH7-2.ipynb。

1. Oracle 的实现

需要搜索的索引态 $|\omega\rangle = |11\rangle$，Oracle 实现的功能为

$$U_f|\psi\rangle = U_f \frac{1}{2}(|00\rangle + |01\rangle + |10\rangle + |11\rangle)$$

$$= \frac{1}{2}(|00\rangle + |01\rangle + |10\rangle - |11\rangle) \tag{7.33}$$

U_f 在计算基上的矩阵表示为

$$U_f = \begin{bmatrix} 1 & 0 & 0 & 0 \\ 0 & 1 & 0 & 0 \\ 0 & 0 & 1 & 0 \\ 0 & 0 & 0 & -1 \end{bmatrix}$$

CZ 门的矩阵表示与此相同,从而可以用 CZ 门实现。

2. 算符 U_0 的实现

U_0 要使 $|00\rangle$ 以外的各计算基态增加一个 -1 相位,即实现

$$U_0 \frac{1}{2}(|00\rangle + |01\rangle + |10\rangle + |11\rangle) = \frac{1}{2}(|00\rangle - |01\rangle - |10\rangle - |11\rangle)$$

图 7.9 所示的量子线路可以实现 U_0,其中包含两个 Z 门和一个 CZ 门。

3. 算符 U_ψ 的实现

根据式(7.21),$U_\psi = H^{\otimes n} U_0 H^{\otimes n}$,其对应的量子线路如图 7.10 所示。

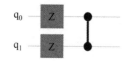
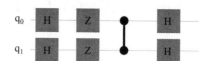

图 7.9　U_0 对应的量子线路　　　图 7.10　U_ψ 对应的量子线路

4.4 找 1 的 Grover 算法量子线路

使用的量子线路如图 7.11 所示。barrier 操作将量子线路分割成的三部分线路分别为 $H^{\otimes 2}$,Oracle 和 U_ψ。

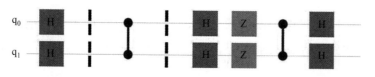

图 7.11　Grover 算法量子线路($N=4$,$M=1$)

图 7.11 所示的量子线路的 OpenQASM 代码如下。

```
//CH7-1.qasm: Grover 算法(N=4, M=1)量子线路

OPENQASM 2.0;
include "qelib1.inc";
qreg q[2];
//初始化
h q[0];
h q[1];
```

```
barrier q[0], q[1];
//Oracle
cz q[0],q[1];
barrier q[0], q[1];
//U_ψ
h q[0];
h q[1];
z q[0];
z q[1];
cz q[0],q[1];
h q[0];
h q[1];
```

5. 代码实现

代码如下。

```
#CH7-2.ipynb:4 找 1 Grover 算法

#查询寄存器初始化
def initialize_psi(qc, qubits):
    for q in qubits:
        qc.h(q)
return qc
#Oracle 量子线路
def oracle(qc, cqubit,tqubit):
    qc.cz(cqubit,tqubit)
return qc
#算符 u_psi 量子线路
def u_psi(qc, qubits):
    qc.h(qubits)
    qc.z(qubits)
    qc.cz(qubits[0],qubits[1])
    qc.h(qubits)
    return qc
#输入库函数
import matplotlib.pyplot as plt
import numpy as np
```

```
from qiskit import Aer,assemble,transpile
from qiskit import QuantumCircuit, ClassicalRegister, \
    QuantumRegister
from qiskit.visualization import plot_histogram
#测试主程序
n = 2
grover_circuit = QuantumCircuit(n)
grover_circuit = initialize_psi(grover_circuit, [0,1])
oracle(grover_circuit,0,1)
u_psi(grover_circuit,[0,1])
grover_circuit.measure_all()
#模拟器运行
aer_sim = Aer.get_backend('aer_simulator')
qobj = assemble(grover_circuit)
result = aer_sim.run(qobj).result()
counts = result.get_counts()
plot_histogram(counts)
```

运行结果如图 7.12 所示，表明实现的量子线路能以概率 1 得到目标解 $|11\rangle$，且仅需一次 Grover 迭代。

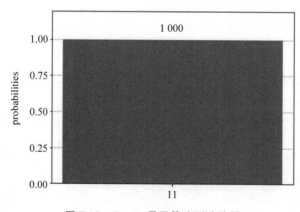

图 7.12　Grover 量子算法测试结果

7.2.4　结果分析

本例程中 $N=4$，$M=1$，由式（7.25）可知 $\dfrac{\theta}{2}=\arcsin\dfrac{1}{2}=\dfrac{\pi}{6}$。参照图 7.8，

$|\psi\rangle$ 与基态 $|\alpha\rangle$ 之间的夹角为 $\frac{\pi}{6}$，一次迭代后，$G|\psi\rangle$ 与 $|\alpha\rangle$ 的夹角为 $\frac{\pi}{2}$，恰好与 $|\beta\rangle$ 重合。所以，本例程仅需一次迭代即可获得目标解。

Grover 算法首先在查询寄存器中形成所有解的索引态的等权叠加态，在迭代过程中不断提高搜索目标在量子叠加态中的振幅，从而提高测量获得搜索目标的概率。然而，原始 Grover 算法无法做到 100% 的搜索成功率。清华大学龙桂鲁教授提出了 Long 算法，可以以概率 1 给出正确答案。

另外，原始的 Grover 算法需要先确切地知道搜索空间中目标的数量，才能确定最优的迭代次数，过少的迭代次数达不到效果，过多的迭代会降低搜索的成功率，增加迭代次数并不能保证一直趋向搜索目标，该问题被称为 souffle problem。因此，对于搜索空间中目标数量未知的情形，算法还需要改进；Grover 和 Mizel 先后对此做过讨论，并给出了随着迭代次数的增加能一直提高搜索成功率的改进版本，但这几项工作都在一定程度上牺牲了算法的效率。最终，Yoder 等人给出了进一步的改进，既保留了平方加速，也保证了迭代会一直趋向搜索目标。这一系列改进工作被称为固定点量子搜索（fixed-point quantum search）。

当前，Grover 算法被广泛使用和研究，例如用于解决离散优化问题，包括无序数据最小值寻找、最小生成树与最短路问题、最大整数网络流查找等。

7.3 量子傅里叶变换

7.3.1 原理描述

量子傅里叶变换（Quantum Fourier Transform，QFT）是对量子力学振幅进行傅里叶变换的有效的量子算法，它并非用来加速经典傅里叶变换算法中的数据计算，其通常被用于量子相位估计以求解酉算子特征值的近似解。Shor 首次将 QFT 应用在大数质因子分解算法中，获得了良好的加速效果。QFT 被广泛应用于其他量子算法和应用中，例如量子相位估计、HHL 算法、Jordan 量子梯度估计算法和量子通信中的多方量子密钥分发等。

1. 经典离散傅里叶变换

离散傅里叶变换（Discrete Fourier Transform，DFT）是作用在复 N 维向量空间 C^N 上的酉变换，当输入复向量为 $(x_0, x_1, \cdots, x_{N-1})^T$ 时，其输出复向量 $(y_0, y_1, \cdots, y_{N-1})^T$ 满足

$$y_k = \frac{1}{\sqrt{N}} \sum_{j=0}^{N-1} x_j e^{i\frac{2\pi}{N}jk} \tag{7.34}$$

由上式可以得出

$$(y_0, y_1, \cdots, y_{N-1})^T = \frac{1}{\sqrt{N}} \begin{bmatrix} 1 & 1 & \cdots & 1 \\ 1 & \omega & \cdots & \omega^{N-1} \\ \vdots & \vdots & \ddots & \vdots \\ 1 & \omega^{N-1} & \cdots & \omega^{(N-1)^2} \end{bmatrix} (x_0, x_1, \cdots, x_{N-1})^T \tag{7.35}$$

其中，$\omega = e^{\frac{2\pi i}{N}}$。

对应的酉矩阵为

$$U_{\text{DFT}} = \frac{1}{\sqrt{N}} \begin{bmatrix} 1 & 1 & 1 & 1 & \cdots & 1 \\ 1 & \omega & \omega^2 & \omega^3 & \cdots & \omega^{N-1} \\ 1 & \omega^2 & \omega^4 & \omega^6 & \cdots & \omega^{2N-2} \\ \vdots & \vdots & \vdots & \vdots & \ddots & \vdots \\ 1 & \omega^{N-1} & \omega^{2N-2} & \omega^{3N-3} & \cdots & \omega^{(N-1)^2} \end{bmatrix} \tag{7.36}$$

2. 量子傅里叶变换

作用在 n 量子比特上的 QFT 定义为计算基 $\{|0\rangle, |1\rangle, |2\rangle, \cdots, |N-1\rangle\}$（$N=2^n$）上的一个线性算子，把任意一个基底 $|j\rangle$ 变换成所有基底的叠加态，系数为 $\frac{1}{\sqrt{N}} e^{i\frac{2\pi}{N}jk}$，即

$$|j\rangle \xrightarrow{\text{QFT}} \frac{1}{\sqrt{N}} \sum_{k=0}^{N-1} e^{i\frac{2\pi}{N}jk} |k\rangle \tag{7.37}$$

对应的酉矩阵可由下式计算：

$$U_{\text{QFT}} = \frac{1}{\sqrt{N}} \sum_{j=0}^{N-1} \sum_{k=0}^{N-1} \omega^{jk} |k\rangle\langle j| \tag{7.38}$$

其中，$\omega = e^{\frac{2\pi i}{N}}$。

由式(7.38)得到的 U_{QFT} 为

$$U_{QFT} = \frac{1}{\sqrt{N}}\begin{bmatrix} 1 & 1 & 1 & 1 & \cdots & 1 \\ 1 & \omega & \omega^2 & \omega^3 & \cdots & \omega^{N-1} \\ 1 & \omega^2 & \omega^4 & \omega^6 & \cdots & \omega^{2N-2} \\ \vdots & \vdots & \vdots & \vdots & \ddots & \vdots \\ 1 & \omega^{N-1} & \omega^{2N-2} & \omega^{3N-3} & \cdots & \omega^{(N-1)^2} \end{bmatrix} \tag{7.39}$$

可见,QFT 的酉矩阵与 DFT 在形式上是一样的。

对任意态矢 $|\psi\rangle$ 做 QFT 操作,即

$$|\psi\rangle = \sum_{j=0}^{N-1} x_j |j\rangle \overset{QFT}{\to} \sum_{j=0}^{N-1} x_j \mathrm{QFT}(|j\rangle) = \sum_{j=0}^{N-1} x_j \left(\frac{1}{\sqrt{N}}\sum_{k=0}^{N-1} e^{i\frac{2\pi}{N}jk} |k\rangle\right) \tag{7.40}$$

$$= \sum_{k=0}^{N-1}\left(\sum_{j=0}^{N-1}\frac{x_j}{\sqrt{N}}e^{i\frac{2\pi}{N}jk}\right)|k\rangle \tag{7.41}$$

$$= \sum_{k=0}^{N-1} y_k |k\rangle \tag{7.42}$$

对照式(7.41)和(7.42),其中,振幅 y_k 可用如下公式描述:

$$y_k = \frac{1}{\sqrt{N}}\sum_{k=0}^{N-1} x_j e^{i\frac{2\pi}{N}jk} \tag{7.43}$$

上式中的振幅 y_k 是振幅 x_j 的离散傅里叶变换值。

对于任意态矢,QFT 作用前后的态分别为

$$\sum_{j=0}^{N-1} x_j |j\rangle \overset{QFT}{\to} \sum_{k=0}^{N-1} y_k |k\rangle \tag{7.44}$$

QFT 作用于一个量子态相当于对各基态的振幅 $\{x_j\}$ 进行 DFT 操作,以得到一组新的振幅 $\{y_k\}$。

比较 DFT 和 QFT 的定义可知:DFT 和 QFT 都是复线性空间上的酉变换。对 n 量子比特态矢的一次 QFT 变换相当于并行执行了 2^n 次 DFT(每个基态一次)。

【例 7.1】　证明 Hadamard 门就是最简单的 QFT。

证:

QFT 可被表示成一个 $N \times N$ 的幺正矩阵。当 $n=1$ 时,$N=2$,$\omega = e^{\pi i}$,有 $\omega^0 = 1$,$\omega^1 = -1$。单量子比特 QFT 算子的矩阵表示为

$$U_{QFT1} = \frac{1}{\sqrt{2}}\begin{bmatrix} 1 & 1 \\ 1 & \omega \end{bmatrix} = \frac{1}{\sqrt{2}}\begin{bmatrix} 1 & 1 \\ 1 & -1 \end{bmatrix} \tag{7.45}$$

可见,U_{QFT1} 与 Hadamard 门的矩阵表示一致。

【例 7.2】 给出双量子比特 QFT 算子的矩阵表示。

解：

在 2 位量子比特上做 QFT，$n=2$，$N=4$，$\omega=\mathrm{e}^{\frac{\pi i}{2}}$，有 $\omega^0=1$，$\omega^1=\mathrm{i}$，$\omega^2=-1$，$\omega^3=-\mathrm{i}$。由式(7.39)可得

$$
U_{\mathrm{QFT2}}=\frac{1}{2}\begin{bmatrix}1 & 1 & 1 & 1\\ 1 & \mathrm{i} & -1 & -\mathrm{i}\\ 1 & -1 & 1 & -1\\ 1 & -\mathrm{i} & -1 & \mathrm{i}\end{bmatrix}
\tag{7.46}
$$

【例 7.3】 给出 QFT 作用于 $|10\rangle$ 后的叠加态。

解：

基于式(7.37)和上例得到的双量子比特 QFT 矩阵表示，有

$$
\frac{1}{2}\begin{bmatrix}1 & 1 & 1 & 1\\ 1 & \mathrm{i} & -1 & -\mathrm{i}\\ 1 & -1 & 1 & -1\\ 1 & -\mathrm{i} & -1 & \mathrm{i}\end{bmatrix}\begin{bmatrix}0\\0\\1\\0\end{bmatrix}=\frac{1}{2}\begin{bmatrix}1\\-1\\1\\-1\end{bmatrix}
\tag{7.47}
$$

QFT 作用于 $|10\rangle$ 后的叠加态是 $\frac{1}{2}(|00\rangle-|01\rangle+|10\rangle-|11\rangle)$。

【例 7.4】 给出 QFT 作用于 $|010\rangle$ 后的叠加态。

解：

基于公式进行计算：

令 $j=010$，$n=3$ 时，则

$$
U_{\mathrm{QFT3}}|010\rangle=\frac{1}{\sqrt{8}}\sum_{k=0}^{7}\mathrm{e}^{\frac{\pi i}{2}k}|k\rangle
\tag{7.48}
$$

$$
=\frac{1}{\sqrt{8}}(|0\rangle+\mathrm{e}^{\frac{\pi i}{2}}|1\rangle-|2\rangle-\mathrm{e}^{\frac{\pi i}{2}}|3\rangle+|4\rangle+\mathrm{e}^{\frac{\pi i}{2}}|5\rangle-|6\rangle-\mathrm{e}^{\frac{\pi i}{2}}|7\rangle)
$$

$$
\tag{7.49}
$$

$$
=\frac{1}{\sqrt{8}}(|0\rangle+\mathrm{i}|1\rangle-|2\rangle-\mathrm{i}|3\rangle+|4\rangle+\mathrm{i}|5\rangle-|6\rangle-\mathrm{i}|7\rangle)
\tag{7.50}
$$

7.3.2 量子线路

1. QFT 张量积形式

QFT 的数学形式由式(7.37)给出，为了指导量子线路设计，希望能将式

中的 $\dfrac{1}{\sqrt{N}}\sum\limits_{n=0}^{N-1}\mathrm{e}^{\mathrm{i}\frac{2\pi}{N}jk}|k\rangle$ 表示为张量积形式。

在以下推导中,将 n 位二进制整数标记为

$$j=j_1j_2\cdots j_n=j_12^{n-1}+j_22^{n-2}+\cdots+j_n2^0 \tag{7.51}$$

将 n 位二进制小数标记为

$$0.j_1j_2\cdots j_n=j_12^{-1}+j_22^{-2}+\cdots+j_n2^{-n} \tag{7.52}$$

基于此标记方式,通过下列推导得到 QFT 张量积形式,即

$$|j\rangle \xrightarrow{\text{QFT}} \frac{1}{\sqrt{N}}\sum_{n=0}^{N-1}\mathrm{e}^{\mathrm{i}\frac{2\pi}{N}jk}|k\rangle \tag{7.53}$$

$$=\frac{1}{\sqrt{2^n}}\sum_{k_1=0}^{1}\sum_{k_2=0}^{1}\cdots\sum_{k_n=0}^{1}\mathrm{e}^{\mathrm{i}\frac{2\pi}{2^n}j(k_12^{n-1}+k_22^{n-2}+k_32^{n-3}+\cdots+k_n2^0)}|k_1k_2k_3\cdots k_n\rangle \tag{7.54}$$

$$=\frac{1}{\sqrt{2^n}}\sum_{k_1=0}^{1}\sum_{k_2=0}^{1}\cdots\sum_{k_n=0}^{1}\mathrm{e}^{\mathrm{i}2\pi j(k_12^{-1})}|k_1\rangle\otimes\mathrm{e}^{\mathrm{i}2\pi j(k_22^{-2})}|k_2\rangle\otimes\cdots\otimes\mathrm{e}^{\mathrm{i}2\pi j(k_n2^{-n})}|k_n\rangle \tag{7.55}$$

$$=\frac{1}{\sqrt{2^n}}\sum_{k_1=0}^{1}\mathrm{e}^{\mathrm{i}2\pi j(k_12^{-1})}|k_1\rangle\otimes\sum_{k_2=0}^{1}\mathrm{e}^{\mathrm{i}2\pi j(k_22^{-2})}|k_2\rangle\otimes\cdots\otimes\sum_{k_n=0}^{1}\mathrm{e}^{\mathrm{i}2\pi j(k_n2^{-n})}|k_n\rangle \tag{7.56}$$

$$=\bigotimes_{l=1}^{n}\frac{|0\rangle+\mathrm{e}^{\mathrm{i}2\pi j2^{-l}}|1\rangle}{\sqrt{2}} \tag{7.57}$$

$$=\frac{|0\rangle+\mathrm{e}^{\mathrm{i}2\pi0.j_n}|1\rangle}{\sqrt{2}}\otimes\frac{|0\rangle+\mathrm{e}^{\mathrm{i}2\pi0.j_{n-1}j_n}|1\rangle}{\sqrt{2}}\otimes\cdots\otimes\frac{|0\rangle+\mathrm{e}^{\mathrm{i}2\pi0.j_1j_2\cdots j_n}|1\rangle}{\sqrt{2}} \tag{7.58}$$

式(7.57)中,根据 $\mathrm{e}^{\mathrm{i}2\pi j2^{-l}}$ 的周期性,$j2^{-l}$ 的整数部分可以略去,只保留小数部分。

式(7.55)是一个"先求张量积再求和"的过程;式(7.56)是一个"先求和再求张量积"的过程。"先求张量积再求和"的过程可以直接转换为"先求和再求张量积"的过程。为帮助理解,下面举一个双量子比特的例子:

$$\frac{1}{2}\sum_{i=0}^{1}\sum_{j=0}^{1}|i\rangle\otimes|j\rangle=\frac{1}{2}\sum_{i=0}^{1}|i\rangle\otimes\sum_{j=0}^{1}|j\rangle$$

$$=\frac{1}{2}(|00\rangle+|01\rangle+|10\rangle+|11\rangle) \tag{7.59}$$

2. 依赖关系分析

要想设计式(7.58)的量子线路,理论方案应为:第 1 个量子比特执行$|j_1\rangle \rightarrow \dfrac{|0\rangle + e^{i2\pi 0.j_n}|1\rangle}{\sqrt{2}}$,第 2 个量子比特执行$|j_2\rangle \rightarrow \dfrac{|0\rangle + e^{i2\pi 0.j_{n-1}j_n}|1\rangle}{\sqrt{2}}$,以此类推,第$n$ 个量子比特执行$|j_n\rangle \rightarrow \dfrac{|0\rangle + e^{i2\pi 0.j_1 j_2 \cdots j_n}|1\rangle}{\sqrt{2}}$。

下面分析该理论方案的可行性。表 7.2 列出了各量子比特操作之间的依赖关系。假设$|j_1\rangle$执行相应操作,j_1 的值就可能发生改变,而$|j_n\rangle$的操作依赖于j_1,将会出错;同理,假设$|j_n\rangle$先执行,j_n 的值就可能发生改变,也会造成$|j_1\rangle$出错。由此可见,该理论方案是不可行的。

表 7.2　依赖关系分析

量 子 比 特	操　　作	依 赖 关 系
第 1 个量子比特	$\|j_1\rangle \rightarrow \dfrac{\|0\rangle + e^{i2\pi 0.j_n}\|1\rangle}{\sqrt{2}}$	$\|j_1\rangle$的操作依赖于j_n
第 2 个量子比特	$\|j_2\rangle \rightarrow \dfrac{\|0\rangle + e^{i2\pi 0.j_{n-1}j_n}\|1\rangle}{\sqrt{2}}$	$\|j_2\rangle$的操作依赖于$j_{n-1}j_n$
…	…	…
第 i 个量子比特	$\|j_i\rangle \rightarrow \dfrac{\|0\rangle + e^{i2\pi 0.j_{n-i+1}\cdots j_n}\|1\rangle}{\sqrt{2}}$	$\|j_i\rangle$的操作依赖于$j_{n-i+1}\cdots j_n$
…	…	…
第 n 个量子比特	$\|j_n\rangle \rightarrow \dfrac{\|0\rangle + e^{i2\pi 0.j_1 j_2 \cdots j_n}\|1\rangle}{\sqrt{2}}$	$\|j_n\rangle$的操作依赖于$j_1 j_2 \cdots j_n$

3. 量子线路设计

为解决交错依赖带来的问题,一种可行的方案是:让第 1 个量子比特执行理论方案中第n 位的操作,第 2 个量子比特执行理论方案中第$n-1$ 位的操作,以此类推,第n 个量子比特执行理论方案中第 1 位的操作。最后执行 SWAP 操作:第 1 个量子比特与第n 个量子比特交换,第 2 个量子比特与第$n-1$ 个量子比特交换,以此类推。

由表 7.3 可知,新方案解决了理论方案中的交错依赖问题。上述方案的执行结果与理论方案一致。

表 7.3　新依赖关系分析

量　子　比　特	操　作	依　赖　关　系
第 1 个量子比特	$\lvert j_1 \rangle \rightarrow \dfrac{\lvert 0 \rangle + \mathrm{e}^{\mathrm{i}2\pi 0.j_1 j_2 \cdots j_n} \lvert 1 \rangle}{\sqrt{2}}$	$\lvert j_1 \rangle$的操作依赖于 $j_1 j_2 \cdots j_n$
第 2 个量子比特	$\lvert j_2 \rangle \rightarrow \dfrac{\lvert 0 \rangle + \mathrm{e}^{\mathrm{i}2\pi 0.j_2 \cdots j_n} \lvert 1 \rangle}{\sqrt{2}}$	$\lvert j_2 \rangle$的操作依赖于 $j_2 \cdots j_n$
…	…	…
第 i 个量子比特	$\lvert j_i \rangle \xrightarrow{\text{QFT}} \dfrac{\lvert 0 \rangle + \mathrm{e}^{\mathrm{i}2\pi 0.j_i \cdots j_n} \lvert 1 \rangle}{\sqrt{2}}$	$\lvert j_i \rangle$的操作依赖于 $j_i \cdots j_n$
…	…	…
第 n 个量子比特	$\lvert j_n \rangle \rightarrow \dfrac{\lvert 0 \rangle + \mathrm{e}^{\mathrm{i}2\pi 0.j_n} \lvert 1 \rangle}{\sqrt{2}}$	$\lvert j_n \rangle$的操作依赖于 j_n

通过以上分析,给出的 QFT 量子线路如图 7.13 所示,SWAP 部分未在图中示出。

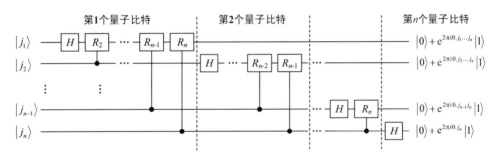

图 7.13　QFT 量子线路(不含 SWAP)

图 7.13 中的受控 R_k 门受 $\lvert j_k \rangle$ 控制,若 $j_k = 0$,则不进行任何操作;若 $j_k = 1$,则施加 R_k。受控 R_k 门的作用是在计算基态 $\lvert 1 \rangle$ 上增加一个相对相位因子 $\mathrm{e}^{\mathrm{i}\frac{2\pi}{2^k}}$。

R_k 的矩阵表示为

$$R_k = \begin{bmatrix} 1 & 0 \\ 0 & \mathrm{e}^{\mathrm{i}\frac{2\pi}{2^k}} \end{bmatrix} \tag{7.60}$$

受控 R_k 门(高有效位为控制量子比特,低有效位为目标量子比特)的矩阵表示为

$$|0\rangle\langle 0|\otimes I+|1\rangle\langle 1|\otimes R_k$$

$$=\begin{bmatrix}1\\0\end{bmatrix}\begin{bmatrix}1&0\end{bmatrix}\otimes\begin{bmatrix}1&0\\0&1\end{bmatrix}+\begin{bmatrix}0\\1\end{bmatrix}\begin{bmatrix}0&1\end{bmatrix}\otimes\begin{bmatrix}1&0\\0&e^{i\frac{2\pi}{2^k}}\end{bmatrix}=\begin{bmatrix}1&0&0&0\\0&1&0&0\\0&0&1&0\\0&0&0&e^{i\frac{2\pi}{2^k}}\end{bmatrix}\quad(7.61)$$

考察第 1 个量子比特,其实现的操作如下:

$$|j_1\rangle\to\frac{|0\rangle+e^{i2\pi 0.j_1 j_2\cdots j_n}|1\rangle}{\sqrt{2}}=\frac{|0\rangle+e^{i2\pi\left(\frac{j_1}{2}+\frac{j_2}{2^2}+\cdots+\frac{j_n}{2^n}\right)}|1\rangle}{\sqrt{2}}\quad(7.62)$$

左边第一条虚线以左为第 1 个量子比特操作的量子线路,其工作原理如下。

① 施加 Hadamard 门操作:

$$|j_1\rangle\to\frac{|0\rangle+e^{i2\pi\left(\frac{j_1}{2}\right)}|1\rangle}{\sqrt{2}}=\begin{cases}\dfrac{|0\rangle+|1\rangle}{\sqrt{2}},&j_1=0\\[3mm]\dfrac{|0\rangle-|1\rangle}{\sqrt{2}},&j_1=1\end{cases}\quad(7.63)$$

② 施加受控 R_2 门获得:

$$\frac{|0\rangle+e^{i2\pi\left(\frac{j_1}{2}+\frac{j_2}{2^2}\right)}|1\rangle}{\sqrt{2}}\quad(7.64)$$

③ 依次施加受控 R_3 门、受控 R_4 门、$\cdots$、受控 R_n 门,受控 R_n 门执行后:

$$\frac{|0\rangle+e^{i2\pi\left(\frac{j_1}{2}+\frac{j_2}{2^2}+\cdots+\frac{j_n}{2^n}\right)}|1\rangle}{\sqrt{2}}\quad(7.65)$$

7.3.3 编程实现

在 Qiskit 上实现 3 位 QFT,初态为 $|010\rangle$。代码样例文件名为 CH7-3.ipynb。

1. 量子线路实现

图 7.14 给出了 Quantum Composer 实现的 QFT($n=3$)量子线路。用 CP 门实现 QFT 量子线路中的受控 R 门。CP 门为双量子比特门,其矩阵表示为

$$\mathrm{CP}(\theta)=\begin{bmatrix}1&0&0&0\\0&1&0&0\\0&0&1&0\\0&0&0&e^{i\theta}\end{bmatrix}\quad(7.66)$$

其中,$\theta = \dfrac{2\pi}{2^k}$。

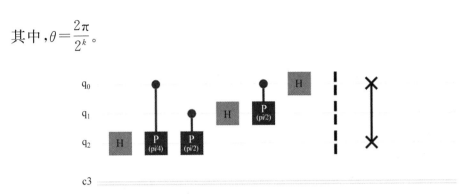

图 7.14 QFT 量子线路实现($n=3$)

图 7.14 对应的 OpenQASM 代码如下(CH7-3.qasm)。

```
//CH7-3.qasm: QFT 量子线路(n=3)

OPENQASM 2.0;
include "qelib1.inc";

qreg q[3];
creg c[3];

x q[1];    //初态设定
barrier q[1],q[0],q[2];
h q[2];
cp(pi/2) q[1],q[2];
cp(pi/4) q[0],q[2];
h q[1];
cp(pi/2) q[0],q[1];
h q[0];
barrier q[1],q[0],q[2];
swap q[0],q[2];
```

构建 QFT 量子线路的 Qiskit 代码如下。

```
def qft_rotations(circuit, n):
    if n == 0:
        return circuit
    n -= 1
```

```
        circuit.h(n)
        for qubit in range(n):
            circuit.cp(pi/2**(n-qubit), qubit, n)
        qft_rotations(circuit, n)

    def swap_registers(circuit, n):
        for qubit in range(n//2):
            circuit.swap(qubit, n-qubit-1)
        return circuit

    def qft(circuit, n):
        qft_rotations(circuit, n)
        swap_registers(circuit, n)
        return circuit
```

函数 qft_rotations(circuit，n)以递归的方式实现了 n 量子比特的 QFT 量子线路(不含 SWAP)。对于每个量子比特 $q_i(0 \leqslant i \leqslant n-1)$，首先施加一个 H 门；其次，对于 $i \geqslant 1$ 的各 q_i 施加 i 个受控 CP 门$\left(参数 \theta = \dfrac{\pi}{2^{n-i-1}}\right)$。例如，当 $n=3$ 时，量子比特 q_2 共施加 3 个门：①H 门；②以 q_1 为控制量子比特，q_2 为目标量子比特，参数 $\theta = \dfrac{\pi}{2}$ 的受控 CP 门；③以 q_0 为控制量子比特，q_2 为目标量子比特，参数 $\theta = \dfrac{\pi}{4}$ 的受控 CP 门。

函数 swap_registers(circuit，n)的功能是交换 q_i 与 $q_{n-i-1}(0 \leqslant i \leqslant \lfloor n/2 \rfloor)$ 的量子态。

函数 qft(circuit，n)分别调用一次函数 qft_rotations(circuit，n)和函数 swap_registers(circuit，n)以生成完整的 n 位 QFT 量子线路。

2. 测试主程序

(1) 初始化和初态制态
导入必要的函数库，创建一个 3 量子比特的量子线路，将其初态置为 $|010\rangle$。

```
#CH7-4.ipynb:3位 QFT
```

```
import numpy as np
from numpy import pi
# importing Qiskit
from qiskit import QuantumCircuit,execute, Aer
from qiskit.visualization import plot_histogram, plot_bloch\
    _multivector
qc = QuantumCircuit(3)
qc.x(1)
```

（2）输出初态各量子比特的布洛赫球表示。

```
sim = Aer.get_backend('aer_simulator')
qc_init = qc.copy()
qc_init.save_statevector()
print(statevector)
statevector = sim.run(qc_init).result().get_statevector\
    (decimals=3)
plot_bloch_multivector(statevector)
```

（3）输出末态的状态向量和各量子比特的布洛赫球表示。

```
qc = qft(qc, 3)
backend = Aer.get_backend('statevector_simulator')
output = execute(qc,backend).result().get_statevector(decimals\
    =3)
print(output)
plot_bloch_multivector(output)
```

结果给出的初态的状态向量为

$[0.+0.j \quad 0.+0.j \quad 1.+0.j \quad 0.+0.j \quad 0.+0.j \quad 0.+0.j \quad 0.+0.j \quad 0.+0.j]$

末态状态向量为

$[0.354 \quad 0.354j \quad -0.354 \quad 0.354j \quad 0.354 \quad 0.354j \quad -0.354 \quad 0.354j]$

可见,末态是振幅强度相同的 8 个基态的叠加态,其与例题 7.4 中的式(7.50)给出的状态一致:

$$\frac{1}{\sqrt{8}}(|000\rangle+i|001\rangle-|010\rangle-i|011\rangle+|100\rangle+i|101\rangle-|110\rangle-i|111\rangle)$$

$$(7.67)$$

7.3.4 结果分析

表 7.4 列出了 QFT($n=3$,初态 $|010\rangle$)作用前后各量子比特的布洛赫球表示。对于初态 $|010\rangle$,各量子比特的相位角均为 0,而末态中的 q_0,q_1 和 q_2 的相位角分别为 $\frac{\pi}{2}$,π 和 0。

表 7.4 QFT($n=3$)的初态和末态

状态	q_0	q_1	q_2
初态	 $\|0\rangle$	 $\|1\rangle$	 $\|0\rangle$
末态	 $\frac{1}{\sqrt{2}}(\|0\rangle+\mathrm{i}\|1\rangle)$	 $\frac{1}{\sqrt{2}}(\|0\rangle-\|1\rangle)$	 $\frac{1}{\sqrt{2}}(\|0\rangle+\|1\rangle)$

图 7.13 给出的 QFT 完整工作过程需要 $\frac{n(n+1)}{2}$ 个受控 R_k 门操作(含 H 门),再加上 SWAP 门操作$\left(\text{至多}\frac{n}{2}\text{个}\right)$,而每个 SWAP 门由 3 个 C-NOT 组成,所以共需要 $\frac{n(n+4)}{2}$ 个门,时间复杂度为 $O(n^2)$,根据 $N=2^n$,可得 $O((\log N)^2)$。离散傅里叶变换中最快的快速傅里叶变换(Fast Fourier Transform,FFT)计算 2^n 个数据元需要用 $O(n2^n)$ 个门,可见 QFT 要明显优于 FFT。

7.4　量子相位估计

7.4.1　原理描述

1. 相位估计工作原理

量子相位估计(Quantum Phase Estimation,QPE)欲解决的核心问题是:已知一个算符 U 及其某一个本征态 $|u\rangle$,且 $U|u\rangle = e^{2\pi i\phi}|u\rangle$,求本征值 $e^{2\pi i\phi}$ 的 ϕ 的最佳 n 比特估计。

相位估计确切地说不能算是完整的量子算法,它通常被当作一个关键过程内嵌于其他算法或应用中,例如 Shor 算法和 HHL 算法等。

考虑到 $e^{2\pi i\phi}$ 的周期性,$0 \leqslant \phi < 1$,将 ϕ 按二进制小数记为 $0.\phi_1\phi_2\cdots\phi_n$。

QFT 张量积形式为

$$|j_1 j_2 \cdots j_n\rangle \xrightarrow{\text{QFT}} \frac{|0\rangle + e^{i2\pi 0.j_n}|1\rangle}{\sqrt{2}} \otimes \frac{|0\rangle + e^{i2\pi 0.j_{n-1}j_n}|1\rangle}{\sqrt{2}}$$

$$\otimes \cdots \otimes \frac{|0\rangle + e^{i2\pi 0.j_1 j_2 \cdots j_n}|1\rangle}{\sqrt{2}} \tag{7.68}$$

由此得到启发,若能设计一个量子线路得到如下张量积形式:

$$\frac{|0\rangle + e^{i2\pi 0.\phi_n}|1\rangle}{\sqrt{2}} \otimes \frac{|0\rangle + e^{i2\pi 0.\phi_{n-1}\phi_n}|1\rangle}{\sqrt{2}} \otimes \cdots \otimes \frac{|0\rangle + e^{i2\pi 0.\phi_1\phi_2\cdots\phi_n}|1\rangle}{\sqrt{2}} \tag{7.69}$$

则可由逆量子傅里叶变换(Inverse Quantum Fourier Transform,IQFT)得到 $|\phi_1\phi_2\cdots\phi_n\rangle$,即

$$\frac{|0\rangle + e^{i2\pi 0.\phi_n}|1\rangle}{\sqrt{2}} \otimes \frac{|0\rangle + e^{i2\pi 0.\phi_{n-1}\phi_n}|1\rangle}{\sqrt{2}} \otimes \cdots$$

$$\otimes \frac{|0\rangle + e^{i2\pi 0.\phi_1\phi_2\cdots\phi_n}|1\rangle}{\sqrt{2}} \xrightarrow{\text{IQFT}} |\phi_1\phi_2\cdots\phi_n\rangle \tag{7.70}$$

图 7.15 给出了 QPE 的原理架构。

QPE 需要使用以下两个量子寄存器。

① 量子寄存器 1(QR1),包含初始态为 $|0\rangle$ 的 t 个量子比特。

② 量子寄存器 2(QR2),初态制备为算符 U 的本征值 $e^{2\pi i\phi}$ 的一个本征态 $|u\rangle$,其量子比特数应满足存储 $|u\rangle$ 所需的长度(假设为 m 个量子比特)。QPE 作用之后,QR2 不会发生变化。

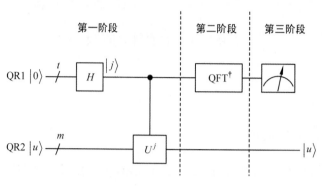

图 7.15 QPE 原理架构

QPE 工作过程分为以下三个阶段。

第一阶段：由已知的算符 U 及其本征态 $|u\rangle$ 在 QR1 中得到式(7.69)所示的张量积形式。

第二阶段：通过 IQFT 在 QR1 上得到量子态 $|\phi_1 \phi_2 \phi_3 \cdots \phi_t\rangle$。

第三阶段：通过在计算基上的测量获得 ϕ。

下面将结合 QPE 量子线路详细阐述该工作过程。

7.4.2 量子线路

1. QPE 量子线路与工作过程

QPE 量子线路如图 7.16 所示。

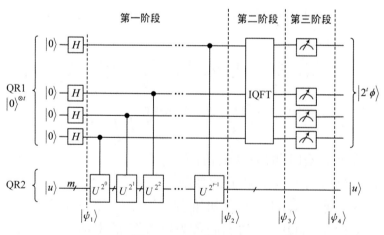

图 7.16 QPE 量子线路

由于 QR2 在整个工作过程中始终处于状态 $|u\rangle$，所以以下描述中的线路量子态将省略 QR2。QR1 中的量子比特从上向下的编号分别为 $1,2,\cdots,t$，其初态为 $|\psi_0\rangle=|0\rangle^{\otimes n}$，工作过程如下。

第一阶段分为以下两步。

① 对 QR1 中的 t 个量子比特各自施加 Hadamard 门，得到等权叠加态，即

$$|\psi_1\rangle=\frac{1}{2^{\frac{t}{2}}}(|0\rangle+|1\rangle)^{\otimes t} \tag{7.71}$$

② 以 QR1 中的每个量子比特为控制量子比特，对 QR2 依次执行 CU，$CU^2,CU^4,\cdots,CU^{2^{t-1}}$ 门（图 7.16 中 QR1 编号为 j 的量子比特作为 $CU^{2^{t-j}}$ 的控制量子比特）。

由于 $U|u\rangle=\mathrm{e}^{2\pi i\phi}|u\rangle$，从而有

$$U^{2^j}|u\rangle=U^{2^j-1}U|u\rangle=U^{2^j-1}\mathrm{e}^{2\pi i\phi}|u\rangle=\cdots=\mathrm{e}^{2\pi i2^j\phi}|u\rangle \tag{7.72}$$

CU^{2^j} 以 QR1 中第 $t-j$ 号量子比特为控制量子比特，QR2 为目标寄存器。根据相位反冲，U^{2^j} 的相位 $\mathrm{e}^{2\pi i2^j\phi}$ 将出现在 QR1 中第 $t-j$ 号量子比特的基态 $|1\rangle$ 上。

因此，②完成后的线路状态为

$$|\psi_2\rangle=\frac{1}{2^{\frac{t}{2}}}(|0\rangle+\mathrm{e}^{2\pi i\phi 2^{t-1}}|1\rangle)\otimes\cdots\otimes(|0\rangle+\mathrm{e}^{2\pi i\phi 2^1}|1\rangle)\otimes(|0\rangle+\mathrm{e}^{2\pi i\phi 2^0}|1\rangle)$$

$$=\frac{|0\rangle+\mathrm{e}^{i2\pi 0.\phi_t}|1\rangle}{\sqrt{2}}\otimes\frac{|0\rangle+\mathrm{e}^{i2\pi 0.\phi_{t-1}\phi_t}|1\rangle}{\sqrt{2}}\otimes\cdots\otimes\frac{|0\rangle+\mathrm{e}^{i2\pi 0.\phi_1\phi_2\cdots\phi_t}|1\rangle}{\sqrt{2}}$$

$$=\frac{1}{\sqrt{2^t}}\sum_{k=0}^{2^t-1}\mathrm{e}^{2\pi ik\phi}|k\rangle \tag{7.73}$$

第二阶段由式 (7.70) 可知 IQFT 作用后的线路状态为

$$|\psi_3\rangle=|\phi_1\phi_2\phi_3\cdots\phi_t\rangle=|2^t\phi\rangle \tag{7.74}$$

IQFT 作用在 QR1 上后，可用下式描述：

$$\frac{1}{\sqrt{2^t}}\sum_{k=0}^{2^t-1}\mathrm{e}^{2\pi ik\phi}|k\rangle\xrightarrow{\text{IQFT}}\frac{1}{2^t}\sum_{k,l=0}^{2^t-1}\mathrm{e}^{-i\frac{2\pi}{2^t}lk}\mathrm{e}^{2\pi ik\phi}|l\rangle \tag{7.75}$$

第三阶段对 QR1 进行计算基上的测量，得到 $2^t\phi=\phi_1\phi_2\phi_3\cdots\phi_t$，从而得到 $\phi=0.\phi_1\phi_2\phi_3\cdots\phi_t$。

2. 逆量子傅里叶变换量子线路

IQFT 的数学形式为

$$|k\rangle \xrightarrow{\text{IQFT}} \frac{1}{\sqrt{2^t}} \sum_{l=0}^{2^t-1} e^{-i\frac{2\pi}{2^t}lk} |l\rangle \tag{7.76}$$

IQFT 与 QFT 的矩阵表示存在如下关系：

$$U_{\text{IQFT}} = U_{\text{QFT}}{}^{\dagger} \tag{7.77}$$

$n=3$ 的 QFT 和 IQFT 的量子线路分别如图 7.17 和图 7.18 所示，两者的门作用顺序刚好相反，对应相位门的相位角差 -1 系数。

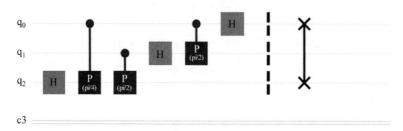

图 7.17　QFT 量子线路（$n=3$）

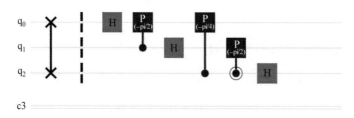

图 7.18　IQFT 量子线路（$n=3$）

【例 7.5】　已知初态为 $\frac{1}{2}(|00\rangle - |01\rangle + |10\rangle - |11\rangle)$，求经过 IQFT 后得到的基态。

解：

例 7.2 给出的双量子比特 QFT 的矩阵表示为

$$U_{\text{QFT2}} = \frac{1}{2} \begin{bmatrix} 1 & 1 & 1 & 1 \\ 1 & i & -1 & -i \\ 1 & -1 & 1 & -1 \\ 1 & -i & -1 & i \end{bmatrix} \tag{7.78}$$

由式（7.78）可得双量子比特 IQFT 的矩阵表示为

$$U_{\mathrm{IQFT2}} = \frac{1}{2}\begin{bmatrix} 1 & 1 & 1 & 1 \\ 1 & -\mathrm{i} & -1 & \mathrm{i} \\ 1 & -1 & 1 & -1 \\ 1 & \mathrm{i} & -1 & -\mathrm{i} \end{bmatrix} \qquad (7.79)$$

这样,IQFT 作用于初态可得

$$\frac{1}{4}\begin{bmatrix} 1 & 1 & 1 & 1 \\ 1 & -\mathrm{i} & -1 & \mathrm{i} \\ 1 & -1 & 1 & -1 \\ 1 & \mathrm{i} & -1 & -\mathrm{i} \end{bmatrix}\begin{bmatrix} 1 \\ -1 \\ 1 \\ -1 \end{bmatrix} = \begin{bmatrix} 0 \\ 0 \\ 1 \\ 0 \end{bmatrix} \qquad (7.80)$$

因此,$\frac{1}{2}(\lvert 00 \rangle - \lvert 01 \rangle + \lvert 10 \rangle - \lvert 11 \rangle)$经 IQFT 得到的基态为$\lvert 10 \rangle$。

7.4.3　编程实现

实现 3 位 QPE。T 门的一个特征向量为$\lvert 1 \rangle$,对应的相位角为$\phi = \frac{1}{8}$,利用 QPE 对其进行验证。代码样例文件名为 CH7-4.ipynb。

$$T\lvert 1 \rangle = \begin{bmatrix} 1 & 0 \\ 0 & \mathrm{e}^{\frac{\mathrm{i}\pi}{4}} \end{bmatrix}\begin{bmatrix} 0 \\ 1 \end{bmatrix} = \mathrm{e}^{\frac{\mathrm{i}\pi}{4}}\lvert 1 \rangle \qquad (7.81)$$

1. 量子线路实现

图 7.19 给出了 Quantum Composer 实现的 QPE($n=3$)量子线路。使用 CP($\pi/4$)门实现量子线路中的受控 U 门,如图 7.19 所示。

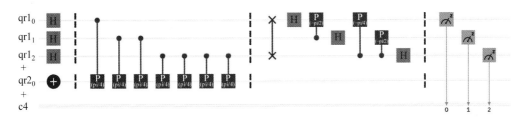

图 7.19　QPE 量子线路($n=3$)

图 7.19 对应的 OpenQASM 代码如下。

```
// CH7-5.qasm:相位估计量子线路(n=3)
```

```
OPENQASM 2.0;
include "qelib1.inc";
qreg qr1[3];
qreg qr2[1];
creg c[4];
h qr1[0];
h qr1[1];
h qr1[2];
x qr2[0];
barrier qr1,qr2;
cp(pi/4) qr1[0],qr2[0];
cp(pi/4) qr1[1],qr2[0];
cp(pi/4) qr1[1],qr2[0];
cp(pi/4) qr1[2],qr2[0];
cp(pi/4) qr1[2],qr2[0];
cp(pi/4) qr1[2],qr2[0];
cp(pi/4) qr1[2],qr2[0];
barrier qr1,qr2;
swap qr1[0],qr1[2];
h qr1[0];
cp(-pi/2) qr1[1],qr1[0];
h qr1[1];
cp(-pi/4) qr1[2],qr1[0];
cp(-pi/2) qr1[2],qr1[1];
h qr1[2];
barrier qr1,qr2;
measure qr1[0] -> c[0];
measure qr1[1] -> c[1];
measure qr1[2] -> c[2];
```

构建 QPE 量子线路的 Qiskit 代码如下。

```
def qft_dagger(circuit, n):            #逆量子傅里叶变换
    for qubit in range(n//2):
        circuit.swap(qubit, n-qubit-1)
    circuit.barrier()
```

```
    for j in range(n):
        for m in range(j):
            circuit.cp(-math.pi/float(2**(j-m)), m, j)
        circuit.h(j)


def qpe(circuit, n):                    #量子相位估计
    for qubit in range(n):
        circuit.h(qubit)
    circuit.barrier()
    repetitions = 1
    for counting_qubit in range(n):
        for i in range(repetitions):
            circuit.cp(math.pi/4, counting_qubit, n);  #CU门
        repetitions *= 2
    circuit.barrier()
    qft_dagger(circuit, n)
    circuit.barrier()
    for n in range(n):
        circuit.measure(n,n)
```

函数 qft_dagger(circuit，n)实现了 n 量子比特的 IQFT 量子线路。

函数 qpe(circuit，n)实现了 n 量子比特的 QPE 量子线路。

2. 测试主程序

测试主程序文件名为 CH7-6.ipynb。函数 qpe(qc,3)生成 3 量子比特的 QPE 量子线路，图 7.19 中的 QR1 对应量子比特 q[0]、q[1]和 q[2]，QR2 对应量子比特 q[3]。量子线路在模拟器 qasm_simulator 上执行 1000 次，代码如下。

```
#CH7-6.ipynb:量子相位估计 Qiskit 实现代码


#测试主程序
import math
from qiskit import QuantumCircuit,execute
from qiskit.visualization import plot_histogram
```

```
qc = QuantumCircuit(4, 3)
qc.x(3)                      #在 q[3]上置 T 门的特征向量 |1〉
qpe(qc,3)                    #执行 QPE

#模拟器运行
simulator = Aer.get_backend('qasm_simulator')
job = execute(qc, simulator, shots=1000)
result = job.result()
counts = result.get_counts(qc)
plot_histogram(counts)
```

代码运行给出的测量结果直方图如图 7.20 所示,表明在 QR1 上能以概率 1 获得 $|001\rangle$,测得的相位 ϕ 为二进制小数 0.001,与理论值 $\phi = \dfrac{1}{8}$ 一致。

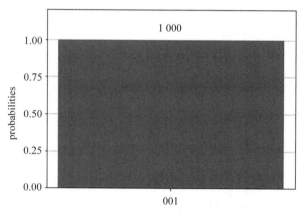

图 7.20   QPE 测量结果直方图($n=3$)

7.4.4   结果分析

QPE 量子线路的 QR1 的量子比特数目 t 应大于或等于估值精度所要求的 n。

在理想情况下,t 比特能够精确表示 ϕ 值;但在很多实际情况下,t 比特只能作为 ϕ 的一个估计值。首先,将输出的 t 比特的二进制串分成两部分,第一部分包含前 n 个比特,第二部分包含 $t-n$ 个比特(冗余部分)。

相位估计算法的实际输出值用 m 表示,记为

$$m = \widetilde{\varphi}_1 \widetilde{\varphi}_2 \cdots \widetilde{\varphi}_n \widetilde{\varphi}_{n+1} \cdots \widetilde{\varphi}_t \tag{7.82}$$

假设所求本征相位的最优估计值为 b,记为

$$b = \phi_1 \phi_2 \cdots \phi_n \phi_{n+1} \cdots \phi_t \qquad (7.83)$$

则 ϕ(表示 U 的特征值中的 ϕ)的实测值记为

$$\phi = 0.\phi_1 \phi_2 \cdots \phi_n \phi_{n+1} \cdots \phi_t \qquad (7.84)$$

假设希望 ϕ 近似到精度 2^{-n},则取 $e = 2^{t-n} - 1$。当 m 和 b 的前 n 个比特值不同时,有 $|m-b| > e$。

式(7.85)中的 $p(|m-b| > e)$ 表示不能成功求得 ϕ 的最佳 n 比特估计的概率,记为 ϵ。从而,能成功求得最佳 n 比特估计的概率为 $1-\epsilon$。文献[1]证得 ϵ 的上界为 $\dfrac{1}{2(e-1)}$,即

$$p(|m-b| > e) \triangleq \epsilon \leqslant \frac{1}{2(e-1)} \qquad (7.85)$$

为了以至少 $1-\epsilon$ 的概率成功得到 ϕ 的最佳 n 比特估计,t 与 ϵ 的关系为

$$t = n + \left\lceil \log\left(2 + \frac{1}{2\epsilon}\right) \right\rceil \qquad (7.86)$$

t 是相位估计算法实际输出的比特数,n 是所需的精度(n 个比特即可满足精度需求),另外的 $t-n$ 个比特相当于冗余部分。增加数目 t 不仅可以提高相位估计的准确率,而且会增加算法的成功率。

7.5　Shor 算法

7.5.1　算法描述

1994 年,在 AT&T Bell 实验室工作的 Peter Shor 提出了一种大整数分解的量子算法,该算法用来解决素数因子的分解问题:给定一个可解的正奇数 $N = p \times q$,其中 p 和 q 均为素数,求 N 的素数因数 p 和 q。

2007 年,中国科技大学陆朝阳教授等与英国牛津大学的研究人员合作,在国际上首次利用光量子计算机实现了 Shor 量子分解算法,成功操控 4 个光子量子比特构造出了一个简单的线性光网络,实现了 $N = 15$ 的分解。

1. 相关术语

(1) 最大公约数

最大公约数(Greatest Common Divisor,GCD)也称最大公因数或最大公

因子,指两个或多个整数的共有因子的最大整数。两个整数 a 和 b 的最大公约数记为 $\gcd(a,b)$,如 $\gcd(20,8)=4$。若 $\gcd(a,b)=1$,则称整数 a 和 b 互质。

(2) 阶

对于正整数 a 和 N,有 $a<N$ 且 $\gcd(a,N)=1$,a 模 N 的阶定义为满足条件 $a^x(\mathrm{mod}N)=1$ 的最小正整数 r。

求阶问题指对特定的 a 和 N 确定阶 r。

(3) 模幂函数的周期性

模幂函数 $f(x)=a^x(\mathrm{mod}N)$ 是一个周期函数,即满足条件 $f(x)=f(x+r)$,其中,r 称为该函数的周期。

(4) 连分式

连分式算法的思想是用整数把实数 r 描述为如下形式:

$$[a_0,a_1,a_2,\cdots,a_N] \equiv a_0 + \cfrac{1}{a_1 + \cfrac{1}{a_2 + \cfrac{1}{\cdots + \cfrac{1}{a_N}}}} \tag{7.87}$$

其中,$a_0,a_1,a_2,\cdots,a_N$ 是正整数(对量子计算的应用也允许 $a_0=0$)。

该连分式的第 n 个($0 \leqslant a_0 \leqslant n$)渐近连分式定义为 $[a_0,a_1,a_2,\cdots,a_n]$。

【例 7.6】 求 $\sqrt{2}$ 的连分式展开。

解:

$$\sqrt{2} = 1 + \cfrac{1}{2 + \cfrac{1}{2 + \cfrac{1}{\cdots + \cfrac{1}{2+(\sqrt{2}-1)}}}} \tag{7.88}$$

【例 7.7】 求 $\dfrac{57}{100}$ 的连分式展开。

解:

$$\frac{57}{100} = 0 + \cfrac{1}{1 + \cfrac{1}{1 + \cfrac{1}{3 + \cfrac{1}{14}}}} \tag{7.89}$$

其中,第 3 个渐近连分式 $[0,1,1,3]$ 的取值为

$$0 + \cfrac{1}{1 + \cfrac{1}{1 + \cfrac{1}{3}}} = \frac{4}{7} \tag{7.90}$$

$\left| \dfrac{57}{100} - \dfrac{4}{7} \right| = \dfrac{1}{700}$,误差率已经很小,此时可称 $\dfrac{4}{7}$ 为 $\dfrac{57}{100}$ 的一个收敛。

2. Shor 算法流程

功能:已知 N 和 a,将 N 分解成两个质数因子 p 和 q 的乘积,使得 $N = p \times q$。

输入:整数 N 为待分解的整数,a 为随机的整数。

输出:p 和 q,分别是求出的质因子。

流程:

① 选择一个满足 $\gcd(a,N) = 1$ 且 $1 < a < N$ 的正整数 a;

② 基于量子求阶算法求函数 $f(x) = a^x (\bmod N)$ 的最小周期 r;

③ 如果 r 是奇数,则返回①;如果 r 是偶数,则执行④;

④ 如果 $a^{r/2} \neq -1 (\bmod N)$ 成立,则可得 p 和 q 为所求因子,$p = \gcd(a^{r/2} + 1, N)$,$q = \gcd(a^{r/2} - 1, N)$;若 $a^{r/2} \neq -1 (\bmod N)$ 不成立,则返回①。

其中,只有步骤②是由量子算法实现,其余步骤均由经典算法得出。

【例 7.8】 待分解的整数 $N = 15$,$a = 7$,分析 $f(x) = 7^x (\bmod 15)$ 的最小周期,给出 N 的质因子。

解:

计算函数 $f(x) = 7^x (\bmod 15)$,如表 7.5 所示。

表 7.5 函数 $f(x)$ 取值表

x	0	1	2	3	4	5	6	7	8	9	...
$7^x (\bmod 15)$	1	7	4	13	1	7	4	13	1	7	...

从表中发现函数的周期 $r = 4$,可验证 $f(x+4) = f(x)$ 成立。

因为 $7^{4/2} \neq -1 (\bmod 15)$ 成立,所以可通过计算 $\gcd(a^{r/2} \pm 1, N)$ 得到 15 的因子为 3 和 5:$\gcd(48,15) = 3$,$\gcd(50,15) = 5$。

验证可知 3 和 5 是 15 的质因数,于是整数因子分解完成。

7.5.2　量子线路

1. 量子求周期算法

求模幂函数最小周期的量子线路如图 7.21 所示,这就是图 7.16 给出的量子相位估计线路。对于 n 比特整数 N,QR1 的位数 t 应满足式(7.71)的要求,QR2 的位数 m 为实现模幂函数的量子线路所需的量子比特数。

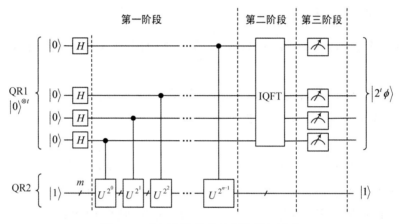

图 7.21　模幂函数的最小周期量子线路

【例 7.9】　待分解的整数 $N=15, a=7$,用 QPE 求 $f(x)=7^x (\mathrm{mod}15)$ 的最小周期。

解:

QR1 需要的量子比特数 $t=8$,QR2 需要的量子比特数 $m=4$。

① 制备初始态

$$|\psi_1\rangle = \frac{1}{\sqrt{256}} \sum_{x=0}^{255} |x\rangle |0\rangle = \frac{1}{\sqrt{256}} \big[|0\rangle + |1\rangle + |2\rangle + \cdots + |255\rangle \big]|0\rangle$$

$$\tag{7.91}$$

② 作用量子黑盒 $U_f(|x\rangle|0\rangle) = |x\rangle|7^x(\mathrm{mod}15)\rangle$

$$|\psi_2\rangle = \frac{1}{\sqrt{255}} \sum_{x=0}^{255} |x\rangle |7^x(\mathrm{mod}15)\rangle$$

$$= \frac{1}{\sqrt{256}} \big[|0\rangle|1\rangle + |1\rangle|7\rangle + |2\rangle|4\rangle + |3\rangle|13\rangle + |4\rangle|1\rangle +$$

$$|5\rangle|7\rangle + |6\rangle|4\rangle + \cdots \big]$$

$$= \frac{1}{\sqrt{256}} [|0\rangle + |4\rangle + |8\rangle + |12\rangle + \cdots + |252\rangle] |1\rangle +$$
$$[|1\rangle + |5\rangle + |9\rangle + |13\rangle + \cdots + |253\rangle] |7\rangle +$$
$$[|2\rangle + |6\rangle + |10\rangle + |14\rangle + \cdots + |254\rangle] |4\rangle +$$
$$[|3\rangle + |7\rangle + |11\rangle + |15\rangle + \cdots + |255\rangle] |13\rangle \tag{7.92}$$

可见,QR2 的状态只能是 $|1\rangle,|4\rangle,|7\rangle$ 或 $|13\rangle$ 中的一个。

假设 QR2 测得的是 $|1\rangle$,可得 QR1 的结果为

$$\sqrt{\frac{4}{256}} [|0\rangle + |4\rangle + |8\rangle + |12\rangle + \cdots] \tag{7.93}$$

此时,式(7.93)中 QR1 的每个量子态的概率均为 $\frac{1}{64}$。由于测量的随机性,测量结果会在 $|0\rangle,|4\rangle,|8\rangle,|12\rangle,\cdots,|252\rangle$ 中随机出现,当 N 很大时,需要测量很多次才能出现所有的结果,付出的成本是巨大的。

③ 对 QR1 使用逆傅里叶变换。逆傅里叶变换可以让一些量子比特状态的概率增高,其他的态的概率为 0。

IQFT 变换后,QR1 的态为 $\frac{1}{2}(|0\rangle + |64\rangle + |128\rangle + |192\rangle)$,每个态的测量概率是 $\frac{1}{4}$。

IQFT 变换前,QR1 每个态之间的间隔是 r,IQFT 变换后,间隔变为了 M/r,其中 $M = 2^t$。

④ 对 QR1 进行测量。

测量 QR1,得到 $c \in \{0, 64, 128, 192\}$。不妨设 $c = 192$,已知 $M = 2^8 = 256$,有

$$\frac{c}{M} = \frac{3}{4} \tag{7.94}$$

⑤ 应用连分式算法得到 r。

利用连分式展开,即

$$\frac{3}{4} = \frac{1}{1 + \dfrac{1}{3}} \tag{7.95}$$

收敛子为 $\frac{3}{4}$,分母 4 是可能的周期。

将周期 r 代入求质因子的式中验证,可知周期为 4。

$$p = \gcd(a^{\frac{r}{2}} + 1, N) = \gcd(7^{\frac{4}{2}} + 1, 15) = 5$$
$$q = \gcd(a^{r/2} - 1, N) = \gcd(7^{4/2} - 1, 15) = 3 \tag{7.96}$$

2. 模幂函数量子线路设计

构建一个酉变换 U，使得

$$U|x\rangle|y\rangle = |x\rangle|y \cdot a^x (\mathrm{mod} N)\rangle \tag{7.97}$$

令 $y=1$，QR2 存储了 $f(x)$ 的计算结果。若 $N=15, a=7$，则构建酉变换

$$U|x\rangle|1\rangle = |x\rangle|7^x (\mathrm{mod} 15)\rangle \tag{7.98}$$

$7^x (\mathrm{mod} 15)$ 的值至少需要用 4 个比特存储，从而 QR2 至少需要 4 个量子比特。

将 n 位二进制数 x 标记为

$$x = x_{n-1} \cdots x_2 x_1 x_0 = x_{n-1} 2^{n-1} + \cdots + x_2 2^2 + x_1 2^1 + x_0 2^0 \tag{7.99}$$

则

$$7^x = 7^{x_0 + 2 x_1 + 2^2 x_2 + \cdots + 2^{n-1} x_{n-1}} = 7^{x_0} \cdot (7^2)^{x_1} \cdot (7^4)^{x_2} \cdot \cdots \cdot (7^{2^{n-1}})^{x_{n-1}} \tag{7.100}$$

由于 $x_i \in \{0, 1\}$，分别有

$$|x_i\rangle = |1\rangle : U_a|y\rangle \rightarrow |y \cdot 7^{2^i} (\mathrm{mod} 15)\rangle$$
$$|x_i\rangle = |0\rangle : U_a = I \tag{7.101}$$

其中，I 是单位操作。

上式可由一个 CU_a 实现，其中的 7^{2^i} 可事先用经典计算机将 $7^{2^i} (\mathrm{mod} 15)$（$0 \leq i \leq n-1, n$ 是选取的工作位数）全部计算出来。

$$y \cdot 7^{2^i} (\mathrm{mod} 15) = (y \cdot (7^{2^i} (\mathrm{mod} 15))) \mathrm{mod} 15 \tag{7.102}$$

由于 $a^{2^i} = a^{2^{i-1} + 2^{i-1}} = (a^{2^{i-1}})^2$，可以列举对于不同 i 的表达式取值。考虑 $N=15, a=7$，有

$$i = 0 : 7^{2^i} (\mathrm{mod} 15) = 7;$$
$$i = 1 : 7^{2^i} (\mathrm{mod} 15) = 4;$$
$$i = 2 : 7^{2^i} (\mathrm{mod} 15) = 1;$$
$$i \geq 3 : 7^{2^i} (\mathrm{mod} 15) = 1.$$

因此，实际上只需要 $U_a|y\rangle \rightarrow |7y(\mathrm{mod} 15)\rangle$ 和 $U_a|y\rangle \rightarrow |4y(\mathrm{mod} 15)\rangle$ 两种 U_a。

7.5.3　编程实现

$N=15$ 的素数因子分解。算法中的随机数 a 的初始值为 7。代码样例文

件名为 CH7-5.ipynb。

1. CU 门的实现

函数 $c\_a\mathrm{mod}15$（a，power）实现求模幂函数的最小周期量子线路中的 CU。其中的参数 a 和 power 分别表示 $f(x)=a^x(\mathrm{mod}N)$ 中的 a 和 x。

```
# CU 门量子线路

def c_amod15(a, power):
"""Controlled multiplication by a mod 15"""
if a not in [2,7,8,11,13]:
        raise ValueError("'a' must be 2,7,8,11 or 13")
    U = QuantumCircuit(4)
    for iteration in range(power):
        if a in [2,13]:
            U.swap(0,1)
            U.swap(1,2)
            U.swap(2,3)
        if a in [7,8]:
            U.swap(2,3)
            U.swap(1,2)
            U.swap(0,1)
        if a == 11:
            U.swap(1,3)
            U.swap(0,2)
        if a in [7,11,13]:
            for q in range(4):
                U.x(q)
    U = U.to_gate()
    U.name = "%i^%i mod 15" % (a, power)
    c_U = U.control()
    return c_U
```

2. IQFT 实现

函数 qft_dagger(n) 用于生成 n 位 IQFT 量子线路。

```
#IQFT 量子线路
def qft_dagger(n):
    qc = QuantumCircuit(n)
    #SWAP 操作
    for qubit in range(n//2):
        qc.swap(qubit, n-qubit-1)
    for j in range(n):
        for m in range(j):
            qc.cp(-np.pi/float(2**(j-m)), m, j)
        qc.h(j)
    qc.name = "QFT†"
    return qc
```

qft_dagger(8)实现的量子线路如图 7.22 所示。

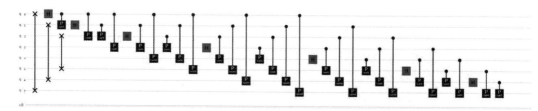

图 7.22　qft_dagger(8)的量子线路

3. QPE 实现

函数 qpe_amod15(a)实现求模幂函数最小周期的 QPE 量子线路。其中，参数 n_count 为 QR1 的量子比特数，设定为 8；QR2 的量子比特数设定为 4。

```
#基于 QPE 求相位角最优估计
def qpe_amod15(a):
    n_count = 8
    qc = QuantumCircuit(4+n_count, n_count)
    for q in range(n_count):
        qc.h(q)
    qc.x(3+n_count)                          #将辅助寄存器置为|1>
    for q in range(n_count): #添加 CU 门
        qc.append(c_amod15(a, 2**q),
```

```
                    [q] + [i+n_count for i in range(4)])
qc.append(qft_dagger(n_count), range(n_count))
#添加 IQFT 量子线路
qc.measure(range(n_count), range(n_count))
#模拟运行
aer_sim = Aer.get_backend('aer_simulator')
t_qc = transpile(qc, aer_sim)
qobj = assemble(t_qc, shots=1)
result = aer_sim.run(qobj, memory=True).result()
#记录单次运行结果
readings = result.get_memory()
print("Register Reading: " + readings[0])
phase = int(readings[0],2)/(2**n_count)
print("Corresponding Phase: %f" % phase)
return phase
```

QPE 量子线路如图 7.23 所示。

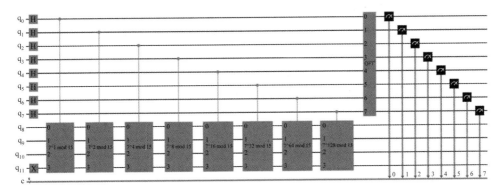

图 7.23　QPE 量子线路

4. 测试主程序

```
#CH7-7.ipynb: Shor 算法测试主程序
```

```
#测试主程序
a = 7
n_count=8
```

```
N=2**n_count
factor_found = False
attempt = 0
while not factor_found:
    attempt += 1
    print("\nAttempt %i:" % attempt)
    phase = qpe_amod15(a)      #Phase = s/r
    frac = Fraction(phase).limit_denominator(N) #对分母作上界限定
    r = frac.denominator
    print("Result: r = %i" % r)
    if phase != 0:
        #素数因子猜测
        guesses = [gcd(a**(r//2)-1, N), gcd(a**(r//2)+1, N)]
        print("Guessed Factors: %i and %i" % (guesses[0], guesses\
            [1]))
        for guess in guesses:
            if guess not in [1,N] and (N % guess) == 0:
                #检查是否为因子
                    print("*** Non-trivial factor found: %i ***" % \
                        guess)
                    factor_found = True
guesses = [gcd(a**(r//2)-1, N), gcd(a**(r//2)+1, N)]
print(guesses)
```

代码输出如下。

```
Attempt 1:
Register Reading: 11000000
Corresponding Phase: 0.750000
Result: r = 4
Guessed Factors: 3 and 5
*** Non-trivial factor found: 3 ***
*** Non-trivial factor found: 5 ***
[3, 5]
```

通过一轮尝试,QPE 量子线路最后测得的二进制数为 11000000,本征相位为 0.75(二进制小数为 0.11000000),周期值为 4,素数因子估值为 3 和 5,经验证为所求解。

7.5.4　结果分析

考察图 7.23 所示的量子线路,QR1 测量结果的直方图如图 7.24 所示。

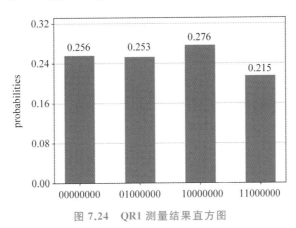

图 7.24　QR1 测量结果直方图

对图 7.24 所示结果的进一步分析如表 7.6 所示。QR1 测量结果只可能出现 4 种状态,有可能的周期估值为 1、2 或 4。

表 7.6　结果分析

量子态	测量概率值	相　　位	相　　位	周期估值
$|0\rangle$	0.256	0.00	0/4	1
$|64\rangle$	0.253	0.25	1/4	4
$|128\rangle$	0.276	0.50	1/2	2
$|192\rangle$	0.215	0.75	3/4	4

Shor 算法是一个随机算法。Shor 算法并不能保证每次运行都能得到正确的结果,因为它得到的是预测的周期,需要通过带回验证判断是否能得到正确的素数因子。假设成功的概率用 $1-j$ 表示,重复 k 次实验可以得到至少成功一次的概率是 $1-j^k$,多次实验可以提高成功的概率。

当前最好的经典算法——数域过滤法的复杂度为 $\exp(O(n^{1/3}(\log n)^{2/3}))$,属于指数复杂度。Shor 算法求解素数因子分解的复杂度为 $O(n^2(\log n)\cdot(\log\log n))$,属于多项式复杂度,这表明 Shor 算法在复杂度类 BQP 里面。Shor 算法证明了大数分解问题可以被量子计算机在多项式时间内解决,而该问题在经典计算机下的难解性是 RSA 公钥密码系统安全性的理论基础。Shor 算法的提出使广泛应用的 RSA 和 ECC 加密算法的安全性受到了极大的挑战。

7.6　HHL 算法

7.6.1　算法描述

解线性方程组的量子算法最早在 2009 年由 A.Harrow、A.Hassidim 以及 S.Lloyd 三人共同提出并发表在 *Physical Review Letters* 上,所以也称之为 HHL 算法。

式(7.102)给出了一个一般性的 N 元线性方程组:

$$\begin{cases} a_{11}x_1 + a_{12}x_2 + \cdots + a_{1N}x_N = b_1 \\ a_{21}x_1 + a_{22}x_2 + \cdots + a_{2N}x_N = b_2 \\ \qquad\qquad \cdots \\ a_{N1}x_1 + a_{N2}x_2 + \cdots + a_{NN}x_N = b_N \end{cases} \tag{7.103}$$

常用的求解方程组解的经典方法有 Gauss 消元法、共轭梯度法等。例如,Gauss 消元是将线性方程组(7.102)等价转换为上三角形式的方程组:

$$\begin{cases} b_{11}x_1 + b_{12}x_2 + \cdots + b_{1N}x_N = g_1 \\ \qquad\quad b_{22}x_2 + \cdots + b_{2N}x_N = g_2 \\ \qquad\qquad\qquad \cdots \\ \qquad\qquad\qquad\quad b_{NN}x_N = g_N \end{cases} \tag{7.104}$$

该过程称为消元过程,然后依次计算出 $x_N, x_{N-1}, \cdots, x_1$ 的取值。

线性方程组(7.102)可表示为式(7.105)所示的矩阵和向量的形式: $Ax = b$,其中, A 是一个 $N \times N$ 的矩阵, x 和 b 都是 N 维向量。

$$Ax = \begin{bmatrix} a_{11} & a_{12} & \cdots & a_{1N} \\ a_{21} & a_{22} & \cdots & a_{2N} \\ \vdots & \vdots & \ddots & \vdots \\ a_{N1} & a_{N2} & \cdots & a_{NN} \end{bmatrix} \begin{bmatrix} x_1 \\ x_2 \\ \vdots \\ x_N \end{bmatrix} = \begin{bmatrix} b_1 \\ b_2 \\ \vdots \\ b_N \end{bmatrix} = b \tag{7.105}$$

则解可以表示为 $x = A^{-1}b$。

HHL 算法可以指数级加速实现这一过程。HHL 算法的输入为量子态 $|b\rangle$ 和矩阵 A。根据 $b = [b_1, b_2, \cdots, b_N]^\mathrm{T}$ 进行幅度编码得到输入量子态

$|b\rangle = \sum_{j=1}^{N} b_j |j\rangle$。 $|x\rangle$ 为对应 $x = [x_1, x_2, \cdots, x_N]^{\mathrm{T}}$ 的结果量子态,从而可将式(7.105)所示的线性方程组表示为

$$A|x\rangle = |b\rangle, \text{其中}, A \in C^{N \times N}, |b\rangle \in C^N, |x\rangle \in C^N \qquad (7.106)$$

矩阵 A 要求是厄米矩阵,其谱分解为

$$A = \sum_{j=1}^{N} \lambda_j |u_j\rangle\langle u_j|, \lambda_j \in \mathbb{R} \qquad (7.107)$$

其中,λ_j 表示矩阵 A 的本征值,$|u_j\rangle$ 为本征值 λ_j 对应的本征向量。

矩阵 A 的逆矩阵的谱分解为

$$A^{-1} = \sum_{j=1}^{N} \lambda_j^{-1} |u_j\rangle\langle u_j| \qquad (7.108)$$

矩阵 A 的本征向量构成一组基 $\{|u_j\rangle\}$,$|b\rangle$ 在这组基下的表示为

$$|b\rangle = \sum_{j=1}^{N} \beta_j |u_j\rangle, \beta_j \in \mathbb{C} \qquad (7.109)$$

则方程组的解为

$$|x\rangle = A^{-1}|b\rangle = \sum_{j=1}^{N} \lambda_j^{-1} \beta_j |u_j\rangle \qquad (7.110)$$

7.6.2 量子线路

1. HHL 算法量子线路与工作过程

HHL 算法量子线路原理架构如图 7.25 所示,主要由相位估计、控制旋转(Controlled Rotation,CR)和逆相位估计(Inverse Quantum Phase Estimation,IQPE)三部分构成。QPE 用到了逆量子傅里叶变换(IQFT),IQPE 用到了量子傅里叶变换(QFT)。

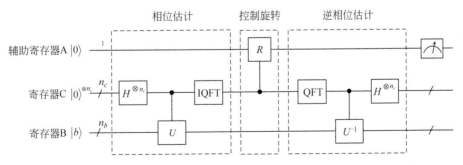

图 7.25 HHL 算法量子线路原理结构

算法用到了三个量子寄存器：

① 寄存器 B：算法初始时用于加载 $|b\rangle$，算法结束时用于输出 $|x\rangle$，其量子比特数 n_b 应满足存储 $|b\rangle$ 或 $|x\rangle$ 所需的长度。

② 辅助寄存器 A：量子比特数 $n_a = 1$，算法初始时为 $|0\rangle$，在控制旋转过程中将其调整为 $|0\rangle$ 和 $|1\rangle$ 的混态。在算法的测量阶段，只有当该辅助量子比特上的量子态为 $|1\rangle$ 时，寄存器 B 上的量子态才是有效状态。

③ 寄存器 C：包含初始态为 $|0\rangle$ 的 n_c 个量子比特，用于存储 QPE 得到的相位估计值（所求本征相位 ϕ 的二进制表示）。n_c 的值应满足 $n_c = N + \left\lceil \log_2 \left(2 + \dfrac{l}{2\epsilon} \right) \right\rceil$，

其中，l 为 QPE 希望精确估计本征相位 ϕ 的位数，ϵ 为 QPE 过程的错误率。增加数目 n_c 不仅可以提高相位估计的准确率，也会增加算法的成功率。为了方便算法描述，令 $n_c = N$。

算法工作过程如下。

① 初态制备并载入 $|b\rangle_{\mathrm{B}}$。

各寄存器的初始量子态为

$$|\psi_0\rangle = |0\rangle_{\mathrm{B}}^{\otimes n_b} |0\rangle_{\mathrm{C}}^{\otimes n_c} |0\rangle_{\mathrm{A}} \tag{7.111}$$

在寄存器 B 上制备并加载 $|b\rangle_{\mathrm{B}}$ 后，线路的量子态为

$$|\psi_1\rangle = |b\rangle_{\mathrm{B}} |0\rangle_{\mathrm{C}}^{\otimes n_c} |0\rangle_{\mathrm{A}} \tag{7.112}$$

其中，$|b\rangle_{\mathrm{B}} = \displaystyle\sum_{j=1}^{N} \beta_j |u_j\rangle$ 满足 $\displaystyle\sum_{j=1}^{N} |\beta_j|^2 = 1$。

② 相位估计。

对厄米矩阵 A 进行哈密顿编码以构造 QPE 中的酉操作 $U = e^{iAt}$。其中，A 是 $N \times N$ 的哈密顿矩阵，t 是哈密顿量的演化时间。若令 $|b\rangle = |u_j\rangle$，则有 $U|b\rangle = e^{i\lambda_j t}$。

HHL 算法中厄米矩阵 A 的本征值 λ_j 通常不是整数，需要选取合适的 t 以保证下式为整数。

$$\widetilde{\lambda}_j = 2^{n_c} \lambda_j t / 2\pi \tag{7.113}$$

QPE 结束后，量子线路量子态为

$$|\psi_2\rangle = \sum_{j=1}^{N} \beta_j |u_j\rangle_{\mathrm{B}} |\widetilde{\lambda}_j\rangle_{\mathrm{C}} |0\rangle_{\mathrm{A}} \tag{7.114}$$

③ 控制旋转。

选取参数 c 控制对辅助量子比特的旋转，以保证能在辅助量子比特上以

最大概率获得 $|1\rangle_A$。$|\tilde{\lambda}_j\rangle$ 对应的旋转角度为 $2\times\arcsin(c/\tilde{\lambda}_j)$。通常选取 $c\leqslant\tilde{\lambda}_{\min}$。

$$|\psi_3\rangle = \sum_{j=1}^{N}\beta_j|u_j\rangle_B|\tilde{\lambda}_j\rangle_C\left(\sqrt{1-\frac{c^2}{\tilde{\lambda}_j^2}}|0\rangle + \frac{c}{\tilde{\lambda}_j}|1\rangle\right)_A \tag{7.115}$$

④ 执行逆相位估计。解除寄存器 B 和寄存器 C 之间的纠缠,并将寄存器 C 的量子态恢复到 QPE 前的状态。

$$|\psi_4\rangle = \sum_{j=1}^{N}\beta_j|u_j\rangle_B|0\rangle_C\left(\sqrt{1-\frac{c^2}{\tilde{\lambda}_j^2}}|0\rangle + \frac{c}{\tilde{\lambda}_j}|1\rangle\right)_A \tag{7.116}$$

⑤ 测量。

测量辅助量子比特,若测得 0,则放弃对寄存器 B 中 $|x\rangle_B$ 的测量,算法重新开始。若测得 1,则测量寄存器 B。最后对多次测得的量子态数据进行后处理,可得 $|x\rangle$ 的近似解 $|\tilde{x}\rangle$ 为

$$|\tilde{x}\rangle \approx \frac{1}{\sqrt{N_{x'}}}\sum_{j=1}^{N}\frac{C}{\lambda_j}\beta_j|u_j\rangle,\text{其中},N_{x'} = \sum_{j=1}^{N}\left(\frac{C}{\lambda_j}\beta_j\right)^2 \tag{7.117}$$

2. 案例分析

求解方程组:

$$\begin{cases} x_1 - \dfrac{x_2}{3} = 1 \\[2mm] -\dfrac{x_1}{3} + x_2 = 0 \end{cases} \tag{7.118}$$

对应的矩阵 A 和向量 b 为

$$A = \begin{bmatrix} 1 & -1/3 \\ -1/3 & 1 \end{bmatrix}, |b\rangle = \begin{bmatrix} 1 \\ 0 \end{bmatrix} = |0\rangle \tag{7.119}$$

矩阵 A 的特征值为 $\lambda_1 = 2/3, \lambda_2 = 4/3$,对应的特征向量为

$$|u_1\rangle = \begin{bmatrix} 1 \\ -1 \end{bmatrix}, |u_2\rangle = \begin{bmatrix} 1 \\ 1 \end{bmatrix} \tag{7.120}$$

① 初态制备。在寄存器 B 上制备并加载 $|b\rangle_B$。对 $|b\rangle_B = \begin{bmatrix} 1 \\ 0 \end{bmatrix} = |0\rangle$ 来说,

在基 $\{|u_1\rangle, |u_2\rangle\}$ 下,得到 $|b\rangle_B = \sum_{j=1}^{2}\frac{1}{\sqrt{2}}|u_j\rangle_B$。

② 量子相位估计。令 $t = \dfrac{3\pi}{4}$,可得到 $\tilde{\lambda}_1 = \dfrac{4\lambda_1 t}{2\pi} = 1, \tilde{\lambda}_2 = \dfrac{4\lambda_2 t}{2\pi} = 2$。二进

制表示分别为 01 和 10。寄存器 B 和 C 的量子态为

$$\frac{1}{\sqrt{2}}|u_1\rangle_B|01\rangle_C + \frac{1}{\sqrt{2}}|u_2\rangle_B|10\rangle_C \tag{7.121}$$

③ 控制旋转。选取参数 $c=1$,线路状态为

$$\frac{1}{\sqrt{2}}|u_1\rangle_B|01\rangle_C\left(\sqrt{1-\frac{1^2}{1^2}}|0\rangle + \frac{1}{1}|1\rangle\right)_A + \frac{1}{\sqrt{2}}|u_2\rangle_B|10\rangle_C\left(\sqrt{1-\frac{1^2}{2^2}}|0\rangle + \frac{1}{2}|1\rangle\right)_A$$

$$= \frac{1}{\sqrt{2}}|u_1\rangle_B|01\rangle_C|1\rangle_A + \frac{1}{\sqrt{2}}|u_2\rangle_B|10\rangle_C\left(\sqrt{\frac{3}{4}}|0\rangle + \frac{1}{2}|1\rangle\right)_A \tag{7.122}$$

④ 逆相位估计。线路状态为

$$\frac{1}{\sqrt{2}}|u_1\rangle_B|00\rangle_C|1\rangle_A + \frac{1}{\sqrt{2}}|u_2\rangle_B|00\rangle_C\left(\sqrt{\frac{3}{4}}|0\rangle + \frac{1}{2}|1\rangle\right)_A \tag{7.123}$$

⑤ 测量。当辅助量子比特上测得结果为 1 时,线路状态为

$$\sqrt{\frac{8}{5}}\left(\frac{1}{\sqrt{2}}|u_1\rangle_B|00\rangle_C|1\rangle_A + \frac{1}{2\sqrt{2}}|u_2\rangle_B|00\rangle_C|1\rangle_A\right) \tag{7.124}$$

对式(7.124)寄存器 B 相关部分进行推导可得

$$\frac{|x\rangle}{\||x\rangle\|} = \frac{\dfrac{1}{\sqrt{2}}|u_1\rangle_B + \dfrac{1}{2\sqrt{2}}|u_2\rangle_B}{\sqrt{5/8}} \tag{7.125}$$

将 $|u_1\rangle_B = \frac{1}{\sqrt{2}}(|0\rangle - |1\rangle)$ 和 $|u_2\rangle_B = \frac{1}{\sqrt{2}}(|0\rangle + |1\rangle)$ 代入式(7.125)有

$$\sqrt{\frac{8}{5}}\left(\frac{3}{4}|0\rangle_B - \frac{1}{4}|1\rangle_B\right)|00\rangle_C|1\rangle_A \tag{7.126}$$

由式(7.126)可知,最终寄存器 B 上测得 $|0\rangle$ 与 $|1\rangle$ 的概率比的理论值应为 1:9。

7.6.3 编程实现

代码实现基于 Qiskit 提供的 HHL 线性求解器求解式(7.118)所示的方程组。代码通过 quantum_info 类读取了 IQFT 作用后的线路状态向量并进行分析处理。

代码样例文件名为 CH7-8.ipynb。

```
#CH7-8.ipynb:HHL

#输入库函数
import numpy as np
#from qiskit.algorithms.linear_solvers.numpy_linear_solver\
    import NumPyLinearSolver
from qiskit.algorithms.linear_solvers.hhl import HHL
from qiskit.quantum_info import Statevector
matrix = np.array([[1, -1/3], [-1/3, 1]])          #矩阵 A 赋值
vector = np.array([1, 0])                          #向量 b 赋值
naive_hhl_solution = HHL().solve(matrix, vector)   #求解器
naive_sv = Statevector(naive_hhl_solution.state).data
#取状态向量
naive_full_vector = np.array([naive_sv[8], naive_sv[9]])
#取第 8 个和第 9 个
naive_full_vector = np.real(naive_full_vector)     #取实数部
print('solution vector:', naive_hhl_solution.euclidean_norm * \
    naive_full_vector/np.linalg.norm(naive_full_vector))
```

输出结果为

solution vector:[1.14135909, 0.32179095]

理论值为 $[1.125, 0.375]$。

7.6.4　结果分析

对 HHL 算法做以下几方面的分析和说明。

（1）输入的要求

算法要求矩阵 A 是厄米的，且满足一定的稀疏性。若 A 不是厄米的，则可定义 $A' = \begin{bmatrix} 0 & A \\ A^\dagger & 0 \end{bmatrix}$ 作为新的厄米矩阵，并按下式求解：

$$\begin{bmatrix} 0 & A \\ A^\dagger & 0 \end{bmatrix} \begin{bmatrix} 0 \\ x \end{bmatrix} = \begin{bmatrix} b \\ 0 \end{bmatrix} \tag{7.127}$$

$|b\rangle_1 = \sum_{j=0}^{N-1} \beta_j |u_j\rangle$，$\beta_j \in \mathbb{C}$ 的制备并未作为算法的一部分，需要额外处理。

（2）控制旋转过程中参数 c 的选取

c 不能太大，因为要保证 $\frac{c}{\lambda_j} \leqslant 1$；$c$ 也不能太小，因为它关系到最后测得 $|1\rangle_A$ 的概率。一般可后接振幅放大过程以提高成功的概率。QPE 在量子寄存器 C 上得到 λ_j，而除以 λ_j 的任务则是由受控旋转门完成的。

（3）关于解结果

最后得到的是 $|x\rangle$，而不是 x，即各分量的振幅并没有显式地得到。但假设最终目的是求某个观测量 M 在 $|x\rangle$ 上的期望 $\langle x|M|x\rangle$，那么仍可将它与求解线性方程组的经典算法相比较。

（4）时间复杂度

HHL 的时间复杂度可以估计为 $O\left((\log N)s^2\kappa^2\frac{1}{\epsilon}\right)$，其中，$N$ 表示矩阵 A 维数，s 表示 A 的 sparsity（每行至多有 s 个非零值），κ 表示 A 的 condition number（绝对值最大/最小的本征值的比值），ϵ 是算法误差。与经典的共轭梯度法 $O\left(Ns\kappa\log\frac{1}{\epsilon}\right)$ 相比，相对于 N 实现了指数级加速。

由于人工智能与大数据领域的诸多方法和技术都与求解线性方程组有关，因此 HHL 算法的提出大力推动了量子计算进入机器学习与大数据处理等领域。

小　结

量子算法是利用量子的叠加性、纠缠性和相干性等特点进行设计的算法。量子算法可由量子线路实现其全部或局部的功能。本章阐述了六大典型量子算法的原理和编程实现：Deutsch-Jozsa 算法、Grover 算法、量子傅里叶变换、量子相位估计、Shor 算法和 HHL 算法，这些算法是进行量子计算应用的基础。

习　题

1. 分析 Deutsch-Jozsa 算法代码样例 $n=4$ 时 Oracle 的量子线路实现。
2. 基于自己构造的 Oracle 实现 $n=5$ 的 Deutsch-Jozsa 算法，并进行测试和性能分析。

　　3. 需要搜索的索引态为 $|\omega\rangle=|10\rangle$，编程实现"4 选 1"Grover 算法中的 Oracle，输出其矩阵表示。

　　4. 编程实现"4 选 1"Grover 算法，需要搜索的索引态为 $|\omega\rangle=|10\rangle$。

　　5. 证明 QFT 是酉变换。

　　6. 给出 3 量子比特 QFT 的矩阵表示，以及对 $|101\rangle$ 执行 QFT 后的叠加态。

　　7. 给出 QFT 量子线路中受控 R_k 门到单量子比特门和受控非门的一个分解。

　　8. 编程实现 $n=8$ 的 IQFT 量子线路，并验证其正确性。

　　9. 编程求解状态 $|b\rangle$，使得 $\mathrm{QFT}^{\dagger}|b\rangle=|101\rangle$。

　　10. 以非递归方式实现 QFT 量子线路，选择一个模拟器验证线路的正确性。

　　11. 将 QPE 代码中 CP 门的参数改为 $\dfrac{2\pi}{3}$，分别用 3 量子比特和 5 量子比特表示相位，执行相位估计，并给出相位估计的精度。

　　12. 编程实现量子线路 U 满足且 $U|1\rangle=|7^x(\mathrm{mod}15)\rangle$。

　　13. 用 OpenQASM 代码实现 Shor 算法样例代码中的 qft_dagger(4) 的量子线路，说明其原理，并给出量子线路的测试结果。

　　14. 用 Shor 算法实现 $N=35$ 的素数因子分解。

　　15. 用 HHL 算法求解线性方程组：

$$\begin{cases} \dfrac{3}{2}x_1+\dfrac{1}{2}x_2=0 \\[2mm] \dfrac{1}{2}x_1+\dfrac{3}{2}x_2=1 \end{cases}$$

参 考 文 献

［1］ Nielsen M A，Chuang I L. Quantum Computation and Quantum Information［J］. Mathematical Structures in Computer Science，2002，17(6)：1115-1115.

［2］ Benenti G，Casati G，Strini G，et al. Principles of Quantum Computation and Information：Basic Concepts Volume 1［M］. WORLD SCIENTIFIC，2004.

［3］ Nakahara，M. T. Ohmi. Quantum computing：from Linear Algebra to Physical Realizations［M］. Boca Raton：CRC Press，2008.

［4］ 郭国平，陈昭昀，郭光灿. 量子计算与编程入门［M］. 北京：科学出版社，2020.

［5］ 莫兰，王保新. 量子计算编程实战：基于 IBM QX 量子计算平台［M］. 北京：清华大学出版社，2020.

［6］ Cuccaro，S.A.，et al. A New Quantum Ripple-carry Addition Circuit［J］. The Eighth Workshop on Quantum Information Processing，2004.

［7］ 何键浩，李绿周.量子优化算法综述［J］.计算机研究与发展. 2021.